U0264904

棠亦
编著

流量的逻辑

构建平台流量机制的
数据策略与案例

人民邮电出版社

北京

图书在版编目（CIP）数据

流量的逻辑：构建平台流量机制的数据策略与案例 /
棠亦编著. -- 北京：人民邮电出版社，2024.1
ISBN 978-7-115-60773-7

Ⅰ．①流… Ⅱ．①棠… Ⅲ．①数据处理 Ⅳ.
①TP274

中国国家版本馆CIP数据核字(2024)第002152号

内 容 提 要

本书通过 10 个第一现场的案例故事，揭秘平台流量机制的构建角度与构建过程，针对性地解决互联网数据从业者面临的棘手问题，包含触达用户、提升产品体验、优化内容生态等重要运营命题的思维方式和应用方法。

全书分为 3 个部分，共 17 章。第 1 部分（第 1～7 章）为工具篇，详细介绍互联网数据分析师所应具备的基础思维方式和方法论，互联网产品的业务概念、核心问题、业务目标的衡量手段，以及数据采集规范、常用的量化研究和数据分析手段，并着重介绍与产品策略息息相关的 AB 实验，包括 AB 实验操作手册及其在不同条件下的应用经验；第 2 部分（第 8～13 章）为实战篇，每章均设置了一个发生在不同领域的互联网公司的实战场景，每一个场景发生的故事都是有代表性的案例，涉及一个互联网人的常见困境，读者可以跟着故事主角一起抽丝剥茧，找到困境的产生原因和解决方案，并且掌握相对确定的数据分析方法，包括指标异动查询和系统性危机甄别、各类用户的留存优化、用户路径分析和业务 ROI 测算等；第 3 部分（第 14～17 章）为进阶篇，讲述如何利用数据分析方法更具创造性地做业务探索和求解开放性问题，包括内容生态研究、裂变设计、竞争分析和心理量表的新用法。

本书适合数据分析师、产品经理和运营经理阅读。

◆ 编　著　棠　亦
　　责任编辑　杨　璐
　　责任印制　马振武
◆ 人民邮电出版社出版发行　　北京市丰台区成寿寺路 11 号
　　邮编　100164　　电子邮件　315@ptpress.com.cn
　　网址　https://www.ptpress.com.cn
　　北京宝隆世纪印刷有限公司印刷
◆ 开本：700×1000　1/16
　　印张：12.5　　　　　　　　　　2024 年 1 月第 1 版
　　字数：211 千字　　　　　　　　2024 年 1 月北京第 1 次印刷

定价：89.90 元

读者服务热线：(010)81055410　印装质量热线：(010)81055316
反盗版热线：(010)81055315
广告经营许可证：京东市监广登字 20170147 号

本书故事根据以下人物的真实经历改编。

- 数据博物学家：又被称为"量化界的百科全书派"，可被拉进所有群的"万物解释者"。

- 数据debug专员：他们不生产bug，只是bug的勘探师和修理工。

- 数据裁判员：面对两方产品经理，做出公正裁决的人。

- 数据预测师：制定3年规划的有勇有谋的预测者。

- 数据安抚师：指标涨也要查，跌也要查，安抚大家一定要"稳稳地"幸福。

- 数据药剂师：用数据"望闻问切"，讲究"中西医"结合，只求"疗效"好。

- 数据故事大王：主要从事指标收益发掘、项目亮点再生产工作。

这些人物还有一个更通用的名字——数据分析师，我也是其中的一员。作为一名互联网"大厂"的数据分析师，我刚入行的时候，也看过很多关于数据分析和产品设计的书，其中有很多写得不错，但也有一些过度强调"授人以渔"，或只有概念框架，或举例模糊，让当时连"鱼"都没见过的我充分掌握了"禅与渔网编织艺术"，依然不知道怎么"捕鱼"。

后来，我在亲手摸过各式各样的"鱼"（解决了工作中各式各样的问题）之后，才知道每一类"鱼"要怎么"渔"。这一过程很像维特根斯坦的语言游戏理论。他曾费尽心力追寻语言的底层逻辑，想找到那个静态的"元语言"底座。但后来，在观摩一场球赛的过程中，他领悟到，语言和游戏规则一样，其意义要从实际活动中找寻，同一个词就像一个"红桃A"，在不同的游戏中，意义截然不同。

同样，在学习新的方法时，可以像玩一场桌游一样，与其开头就把所有规则理解透，从入门到绕晕，不如早点玩起来，从具体的回合中形成自己的理解。

因此，本书将再次强调"授人以鱼"的重要性，从认识"鱼"、解构"鱼"开始。在这样的写作初衷下，我记录下了自己和朋友们亲身经历的、与数据有关的小故事。每个故事都发生在一个具体的互联网公司（公司名和产品当然是虚构的），每个故事开头均设置了一个困境，以引出一个与用户体验相关的典型问题。读者可以带着小小的悬念，和故事主角一起抽丝剥茧，逐渐接近故事的真相，最终找到解法。

从第8章开始，每一章都有一个这样的故事。有一定数据分析基础的朋友可直接从第8章开始阅读。前7章则涉及一些基础知识和名词解释，大家可以根据对标题的感兴趣程度，按需阅读。本书不涉及复杂的技术、过多的统计学知识，希望即使是非数据分析从业者也能读懂，并从我们那些坠入陷阱、绕开陷阱的故事中获得启发。

本书从采访、收集案例开始到完稿，耗时两年。正好经历了互联网行业从新兴行业迅速变成"古典"行业的时期，因此，我越写越有一种生不逢时之感，担心本书出版后就没有人想看了。但是，我仍然相信，数据分析能给我们带来一种穿越浪潮、穿越"牛熊"的思考方式，等到人类带着VR（Virtual Reality，虚拟现实）设备满街走或是移民火星之时，依然可以用类似的方法面对生活和工作中的陷阱。此外，我还相信，在现在的行业周期里，数据分析反而可以发挥出更大的作用。在浪潮之巅，把握机会最重要，我们现在更需要通过数据思维保持冷静，以免变成浪潮之"癫"。

这里先介绍一下贯穿第6～17章的角色——小格，他是书中各类数据分析师角色的小小缩影，在每一章的故事里，他似乎都要做点充满个人英雄主义的事情。但请大家明白，这仅仅是为了叙事方便，在实际工作中，解决问题往往需要靠大家的合力，并依赖优秀的数据工具和高效的数据架构。

最后，要感谢Gara和杨璐，你们让我相信我也能写书；也要感谢那些提供部分故事的朋友，你们都能从不正常的现象中发现有趣的部分；还要感谢那些问"十万个为什么"的需求方，那些坐在我旁边催我"交作业"的业务方，如果没有你们的信任和督促，也不会有这些故事和这本书。此处省略感谢对象263人名单，你们是数据安抚师的安抚师。

此外，像代码常常伴着bug一样，如本书存在纰漏之处，请多多包涵。欢迎读者朋友们提出宝贵意见和建议，可以发送邮件至n_ntangyi@yeah.net。

棠亦

服务与支持

提交勘误

作者和编辑尽最大努力来确保书中内容的准确性，但难免会存在疏漏。欢迎您将发现的问题反馈给我们，帮助我们提升图书的质量。

当您发现错误时，请登录异步社区（https://www.epubit.com/），按书名搜索，进入本书页面，单击"发表勘误"，输入相关信息，单击"提交勘误"按钮即可（见下图）。本书的作者和编辑会对您提交的勘误进行审核，确认并接受后，您将获赠异步社区的100积分。积分可用于在异步社区兑换优惠券、样书或奖品。

与我们联系

我们的联系邮箱是contact@epubit.com.cn。

如果您对本书有任何疑问或建议，请您发邮件给我们，并请在邮件标题中注明本书书名，以便我们更高效地做出反馈。

如果您有兴趣出版图书、录制教学视频，或者参与图书翻译、技术审校等工作，可以发邮件给我们。

如果您所在的学校、培训机构或企业想批量购买本书或异步社区出版的其他图书，也可以发邮件给我们。

如果您在网上发现有针对异步社区出品图书的各种形式的盗版行为，包括对图书全部或部分内容的非授权传播，请您将怀疑有侵权行为的链接发邮件给我们。您的这一举动是对作者权益的保护，也是我们持续为您提供有价值的内容的动力之源。

关于异步社区和异步图书

"异步社区"（www.epubit.com）是由人民邮电出版社创办的IT专业图书社区，于2015年8月上线运营，致力于优质内容的出版和分享，为读者提供高品质的学习内容，为作译者提供专业的出版服务，实现作者与读者在线交流互动，以及传统出版与数字出版的融合发展。

"异步图书"是异步社区策划出版的精品IT图书的品牌，依托于人民邮电出版社在计算机图书领域30余年的发展与积淀。异步图书面向IT行业以及各行业使用IT的用户。

目录

第4章　安乐椅侦探的好助手——数据采集和整理 / 44

"假如推理可以在安乐椅上完成，那么我哥哥一定是一个举世无双的大侦探了。"

第5章　快速捕捉重点——理解关键变量间的关系 / 57

费希尔建立了一个假设：这位女士在吹牛，她完全分辨不出倒奶和茶的顺序。

第一部分

工具篇

本部分介绍数据分析师的工具箱，即互联网数据分析师所应具备的基础思维方式和方法论。主要内容包括互联网产品的业务概念、核心问题、业务目标的衡量手段，以及数据采集的规范、常用的量化研究和数据分析手段，并着重介绍与产品策略息息相关的AB实验，包括AB实验操作手册及其在不同条件下的应用经验。

第1章

像牛顿一样审题
——互联网产品的基本题型和解题套路

取得惊人成绩的学生，通常会被要求分享自己的学习方法，牛顿也不例外。

如果将牛顿的《自然哲学的数学原理》（以下简称《原理》）读至第三篇，你就会找到牛顿对于"如何得出万有引力公式"这个问题的官方解释。

牛顿大方地向同学们介绍了自己的审题方式和研究方法，并称之为"哲学中的推理法则"。他声称："一切真理都可以根据一些方法论找到。"他自信地和同学们打包票："只要依据方法论，任何人都可以获得真理！"他的方法论大致可以这样概括：面对困难，先用综合法，再用分析法，最后再用综合法。

- 综合包括实验和观察，通过归纳法总结普遍规律；也包括找到原理后广泛地在具体情景中验证。

- 分析包括从提取的抽象概念中推出普遍关系和核心成分。

这套方法论可以帮助我们在解题时，从特殊走向一般，定位个别现象的普遍原因；再从一般回到特殊，将这个原因应用于更广泛的场景。

上面这段话因为抽象程度太高而具备良好的催眠效果。为了让大家以更清醒的状态领会牛顿的方法论，我们直接来看牛顿的答卷，拆解他的答题步骤，并且将这个步骤应用到互联网领域，看看互联网领域中常见的母题有哪些，以及基础的解题流程是什么。

1.1 步骤1：明确解题目的

1.1.1 牛顿设问法

你问对问题了吗？——请确保自己的解题目的尽量明确和简单。

关于设问，牛顿有一句实用且深刻的格言——"我不做假设"（Hypothese non fingo）。

牛顿在《原理》中这样嘱咐："要探求事物的原因，真实、简单和足以解释其现象就可以了，不要对原因做多余的奢谈。"

他认为这类"多余的奢谈"其实混淆了解题目的，让前人走了弯路。比如一只猫用爪子把花瓶从桌子上推落，原因可以是"它喜欢这么做"，也可以是"它在借机报复"，还可以是"它想要提醒主人该起床了"，甚至可以是"猫在向你传递岁岁平安的信号"。像这样对原因做"多余的奢谈"是我们大脑的常态。

牛顿之前的很多物理学家，会下意识地把答案的美作为目的，过度追求数学模型的对称性、和谐性。这会带来两种不良后果：首先，他们会忽视诸多数据表现，比如，拒绝运用椭圆轨道这一"不太美"的模型描述天体运动，从而与真相失之交臂；其次，他们极容易只看到表面现象，越过中间步骤，一步到位地给出类比和比喻性的答案，比如和牛顿同时研究引力的胡克，以优美的文字定性地描述了引力，但文字再优美，概念的可复用性和应用性终究不强。

牛顿坚持不胡乱杜撰和假设，努力排除主观因素。如果说当时大部分学者的设问是"目的论"的，那牛顿的设问就是"机械论"的。与牛顿同时代的人（许多现代人也如此）更关心引力"为什么"起作用，但牛顿在最开始设问时，允许自己暂时不问"为什么"，暂时不关心引力现象产生的原因。

牛顿首先提出的两个问题如下。

- "为了说明万有引力，需要考虑物体的哪些性质？"
- "这些性质如何起作用？"

这两个问题不追问"为什么"，只讨论"是什么"，这就是牛顿设问法。

这种设问法的影响持续至今。

牛顿设问法在互联网行业的一个知名例子就是谷歌工具栏样式的改进。谷歌的工程师们想要提升工具栏按钮的点击率，他们没有争论"用户为什么使用工具栏"，而是打算先搞清楚以下两件事。

- "按钮的什么性质需要考虑？"
- "这些性质是如何对提升点击率起作用的？"

这听上去完全不符合我们常见的基于营销法则的思考方法论——找到用户，然后思考我们要为用户提供什么价值，甚至如果我们搞不清楚"用户为什么愿意使用这个产品"，就什么都干不了了。

能快速打破这个"为什么"的思维枷锁固然好，但有些思维枷锁或许不容易打破，于是我们可以像牛顿一样暂且搁置它。谷歌工程师们的两个设问就体现了这种"搁置"。

谷歌工程师们开始拆解设问。对于第一个设问"按钮的什么性质需要考虑？"，其子问题为"按钮的形状和颜色应该是什么样的？"。

接下来，他们开始解答这些性质是如何起作用的。以颜色为例，他们通过AB实验先后尝试了40多种不同的蓝色，并确定了对提升点击率作用最大的配色方案。

在交出答卷时，谷歌工程师们也没有讨论缘由，比如"它是否因为是最接近天空的颜色而让人产生熟悉感"。他们不探究用户在心理学、社会文化上的深层次动机，而将当下的所有子问题都指向一个必须求解的未知量——按钮点击率。

谷歌工程师所做的就是分步找到和这个未知量相关的已知量（比如按钮点击率的相关变量是形状和颜色，影响变量的方法是改变具体的形状和颜色），并在科学的范畴内测试，证明其作用关系。

1.1.2　巴斯德象限

然而，并不是所有的设问都值得回答。

在数据驱动的时代里，我们总能够轻易得到研究对象的无数种性质，似乎将这些性质排列组合，就可以完成无数次"牛顿设问"。

每个从事数据分析的人，都接到过数不尽仅出于好奇心的设问，大家一会儿想看看这个趋势，一会儿想理理那个关系。我们在被设问淹没之前，可以利用巴斯德象限对设问的解答价值进行排序。

图1-1所示的这张图叫作巴斯德象限（Pasteur's quadrant），其名字源于微生物之父路易斯·巴斯德（Louis Pasteur，1822年12月27日—1895年9月28日）的名字，这张图经常用于分析解题的价值。

该图中的两横两纵区分出了解题的3个有效方向和1个无效方向：

（1）只追求根本性理解，比如玻尔对于原子结构的理解（见第二象限）；

（2）只考虑快速应用，比如爱迪生的各类发明（见第四象限）；

（3）两种目的的混合，即既追求根本性理解，也考虑应用，比如巴斯德对微生物的研究（见第一象限）；

（4）第三象限是指既不追求应用，也不追求根本性理解。这里虽然是空着的，但并不表示没有人会以既不追求根本性理解、也不追求快速以应用为目的而工作，恰恰相反，左下角可能挤着最多的人。对两类价值都不追求的解题者在日常生活中大有人在，甚至包括我们自己。许多数据报告都只是洋洋洒洒地罗列数据，仿佛用数据描述一下现状，读者就可以自行推理出解决方案。"巴斯德象限"第三象限空着的真实含义非常残酷：既不追求根本性理解也不考虑应用的解题者，都被埋没在历史的烟尘中了，只留下一片空白。

图 1-1

玻尔式的解题目的（只追求根本性理解）更普遍地见于学界，爱迪生式的解题目的（追求快速应用）更普遍地见于工业界。不过也有许多利用互联网数据所做的研究可以给我们以巴斯德式的启迪。

比如，在 2015 年，经济学家亨利·法伯（Henry Farber）利用大数据研究了纽约市网约车司机的行为，以验证两个自相矛盾的经济学理论究竟孰对孰错：新古典主义经济学派相信，雨天的时候司机的时薪更高，这会使他们的工作时间更长；而行为主义经济学家相信，雨天的时候司机们赚到他们的当日目标收入后就会提前收工。

法伯的论文写作目的是进行人性洞察和理论建构，网约车平台的员工也许也对这个研究感兴趣：对于平台而言，如果"时薪更高，则工作时长越长"的理论成立，那么雨天的加价策略对于解决运力紧张问题就是有作用的；但如果大家的行为是行为主义经济学家所预测的那样——赚到当日目标收入就收工，平台就不得不尝试采取更加多样的激励措施。

此外，网约车平台还应该考虑这个"时薪－工作时长"模型在不同业务地区的适用情况，比如，明确模型的参数是否还包括社会文化、经济基础、交通拥堵情况等。如果这些参数的影响权重小，该模型就可以全国统一；如果这些参数的影响权重大，网约车平台就应该采取地区差异化策略。

在我们的工作场景中，解题目的总会落在巴斯德象限的某个角落。你所欣赏的身边能干的同事，至少是爱迪生式的，他们能够通过工作快速提升某个指标；而你敬佩的行业高手，总是在追寻巴斯德的脚步（此处没有贬低爱迪生的意思），他们能够在解决一个具体问题的同时，追求根本性理解，做好解决100个相似问题的准备。

互联网界一个基本的爱迪生式的问题是：在当前场景下，怎么样通过产品设计等方式，提升某个模块的使用价值、收益，并使之可持续？

如果要把这个问题巴斯德化，可以这样表达：如果用户的满意度、商业收入是一个函数的因变量，你是否清楚核心自变量是什么，比如，产品的哪些特征最能提升用户的满意度、使用时长，进而增加产品收入？对于这些要素，你是否能提炼出普遍适用的公式，量化它们之间的关系，从而明确不同产品特征的重要性？

在每一次遇到设问时，我们都可以提出基于根本性理解和应用的两个问题，以决定这个设问是不是急需回答。我们应该力图在每次解题时，至少给出一个爱迪生式的答案；虽不强求给出巴斯德式的答案，但我们如果能对根本性理解有所洞察，就能大幅提升后续的解题速度。

1.2 步骤2：变量选取和抽象

为了解题，你并不需要准备很多。

牛顿在面对伽利略、第谷、开普勒留下的卷帙浩繁的对于天地万物及其运动的测绘和描述时，是如何决定从哪里入手并提取最核心的变量的呢？

牛顿后来在《原理》中将他的研究法则称为统一性法则：

第一，对于类似的自然现象，索性更宏观地看，尽可能寻找相同的原因，少做特殊分析；

第二，更关注所有物体共有、更普遍的属性。例如，物体的质量和物体间的距离就比它们的化学构成更有普遍性。

有一则关于物理学家的笑话说的是，物理学家每一次发言都这样开头："首先，让我们先把奶牛比作一个球，然后……"。

事实上，正是牛顿开创性地将世间万物都简化成了有重心的球体。"奶牛是球"是统一性法则的高度体现。现在，让我们使用统一性法则来思考问题，在构筑业务逻辑大厦之前，抛开不必要的条件，找到一个坚实朴素的"地基"。

正如"奶牛是球"，我们可以只考虑商业活动的两个核心对象：

- 交互对象，即用户；
- 盈利来源，即客户。

由此，我们能简单地将互联网的商业模式划分成"用户不是客户"和"用户是客户"两种。

先来看"用户不是客户"模式。

20世纪90年代，门户网站雅虎肩负着确立行业标准的历史使命，当时摆在它面前的可供借鉴的商业模式大概有3种：

- 按用户浏览时长计费；
- 用户免费浏览，网站通过广告赢利；
- 把服务卖给机构或者与网络运营商分账。

在这3种模式中，雅虎不太纠结地选择了第2种模式——通过广告赢利。

还原到抽象的视角，这只是将传统媒体的模式做了技术迁移。传统媒体所使用的核心业务指标在换了个名字后被互联网沿用：发行量变成了流量，收视率变成了渗透率。这些业务指标类似于牛顿粗暴的"球体抽象"，就是为了在最普遍的意义上描述用户多不多、其忠诚度如何。由此，传统媒体中的作用关系与新媒体中的作用关系就被统一了起来。

再来看"用户是客户"的互联网模式。这个原型最朴素的意义，就是随着技术的迁移，将服务和交易过程电子化，而这一过程中的基本作用关系和业务指标也没有特别大的变化。在流水线和连锁店的时代，商人们早早地确立了GMV（见第2章）、成单率和转化率等衡量指标，并一直沿用到电商时代，其本质都是描述获利能力、评估商业运作的效率。

由此看来，与其说"互联网+"，不如说互联网是"传统媒体+"或者"传统交易+"，这更能够帮我们迅速抓住互联网的商业模式最核心的性质。

透过商业历史，研究对象的共性，往往更能看出哪些是核心变量。这些核心变量一般就是解题最重要的条件。在动态的世界中，这些变量时而是因变量，时而是自变量，时而可知，时而未知，但只要围绕解题目的对它们进行筛选和关系推理，就能够为求解提供巨大的助力。

答题范畴可以做进一步的划分：

- "用户不是客户"模式主要包括信息获取和内容（图文、音视频、直播、搜索等）消费、社区和社交网络；

- "用户是客户"模式主要有电子商务、工具和服务（软件运营服务、出行软件）、会员订阅和用户付费、金融或信息中介等。

我们不必试图将互联网的商业模式做清晰而周全的划分，因为这些商业模式根植于漫长的人类历史，包罗万象并盘根错节。

在本书中，我们的解题场景主要发生在这几个模块：内容模块、社交模块、工具模块和电商模块。之所以称其为模块，是因为每个互联网产品通常不是只有一种商业模式，而是多种模式交织构成的复杂形态。通过追溯互联网商业模式的前身，我们能够将"用户是客户"和"用户不是客户"模式中最核心的作用关系看得更清楚。

1.3 步骤3：建立数学模型

答题过程中，不求甚解也无妨。

在抽象出核心变量（质量和距离）后，牛顿开始找它们的关系。他列出同一变量在不同场景里的取值，通过归纳法寻找这些变量的相关性。最终，牛顿将质量和距离放入了一个非常简洁的公式：$F = \dfrac{Gm_1 m_2}{r^2}$，即万有引力公式。

牛顿给出的这个公式可以用来描述世间万物的关系，这反映了他的一个主张：

事物的特性和运动可以完全代数或几何化，我们所观察到的现象的差异都可以归结为数量上的差异。

科学史学者伯纳德·科恩（Bernard Cohen）将这种把自然之物高度数学模型化的思维方式称为"牛顿Style"。"牛顿Style"不是牛顿独创的，也有伽利略、笛卡尔、开普勒等巨匠的影子，他们都是用数学模型描摹万物的高手。

比较值得一提的是，牛顿和许多"模型巨匠"在建立公式的时候，都给人一种"不求甚解"的感觉。牛顿在建立万有引力公式之初，既不追求解释变量 F（力）和 m（质量）产生的原因（现代物理学已经解构了力产生的原因），也不追求准确地测量 G（引力常量）的大小（众所周知，这项工作是卡文迪许完成的）。这种"不求甚解"的气质和思维方式，说明牛顿真正在乎的只是"关系的骨架"。引力的大小与物体的质量成正比，而与它们之间的距离的平方成反比——这一组恒久不变的关系，才是这个模型的核心。

有一个例子可以很好地说明适当"不求甚解"是提高解题效率的方式。企业在估值的时候，常需要计算公允市净率，从这个指标的内在意义出发，它的计算公式为

$$公允市净率 = \frac{翻番值 - 2 \times 权益成本 + 净资产收益率}{翻番值 - 权益成本}$$

在被这个公式搞迷糊的时候，你还会发现，其中的"翻番值"是由更复杂的公式计算得来的 [翻番值 $= 1 + \ln^{2 \times (e^{COE} - 1)}$]。为了给出一个合理的公允市净率的估值，你需要具备充足的财务知识、不错的逻辑思维能力和良好的数学基础。但是，如果你是一个外行，也未必会束手无策，你可以按照"牛顿Style"解题法，另辟蹊径。

上面的公式是一个理论求解，依赖的是重逻辑推理的演绎法。在需要快速解决问题的时候，基于统计学的归纳法可能更为行之有效。为了回答一个企业的市净率估值问题，你可以先找出一系列相似企业的市净率及其他财务指标，然后找出与市净率相关性最强的那个指标，比如净资产收益率，然后做一个线性拟合，让计算机生成描述两者关系的量化关系，如图1-2所示。最后，将目标企业的净资产收益率带入公式，即可估算出市净率。

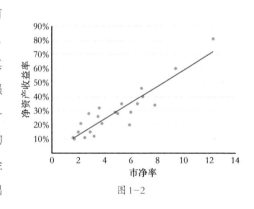

图1-2

牛顿教导我们，能够对逻辑进行洞察固然好，但如果不能，与其勉强找出一个对原理的解释，让自己成为一个"故事大王"，不如先建立一个描述事物关系的普遍公式。

1.4 步骤4：发展和应用

好的答案是新问题的开端。

牛顿完成了从特殊到一般的思维探索；接下来，牛顿的后继者接过解题的接力棒，

从一般回归特殊。

在从特殊到一般的过程中，牛顿用万用引力公式把散步的奶牛和运动的土星都包罗进同一个框架，把事物从现实世界带往数学世界。

在从一般回归特殊的过程中，后继者们在各种场景下广泛地应用万用引力公式，利用它制造出各种上天入地的机器，深刻地改变了世界，把发现从数学世界带回现实世界。可以说，互联网产品的所有功能，都是某个更一般的模型的特殊化应用。我们以一个有趣的故事为例，来看看这个从特殊到一般、再从一般回归特殊的过程。

美国的开国元勋们有一个不太好的习惯，即写文章不爱署名，因此遗留下一堆匿名手稿。20世纪五六十年代，哈佛大学的师生们打算破获这些"历史悬案"——他们用表格统计了每篇文章中形容词、副词出现的频率和位置，总结不同作者的文风，并参照有署名的文章，突破性地定位了很多"无主之作"的作者。一届又一届的年轻学生，承担着复印、剪贴和誊写等烦琐的工作，终于将麦迪逊和汉密尔顿混在一起的文章区分开来，这个工程耗时将近10年。

很多人觉得这种付出不值得，但有洞察力的学者指出了做这件事的价值所在：这个工程使人类认识到了概率性统计对于文本理解的重要性。学者们以此为起点，抽象出了一系列可对语言做分类和理解的模型，这就是自然语言处理技术的思想雏形。这时，解题过程从特殊走向了一般。

随着模型的抽象程度越来越高，自然语言处理技术的应用范围也越来越广。它成为机器学习的重要研究分支，产业界人士也很快投身其中，利用这门技术解决生活中的具体问题。我们今天常见的机器翻译、新闻推荐流、语音助手、客服机器人等，都是这门技术的有效实践结果。这时，解题过程从一般回归特殊。一代又一代的科学家和工程师循环往复，互为阶梯。

或许，牛顿最后给我们的启示是：让大脑时刻保持兴奋，因为只要你足够有想象力，一道题可以是永远解不完的。

第2章

轻轻念出"开锁咒"
——解题前的概念准备

你觉得语言是什么？语言是信息传递的中性介质吗？语言是一种客观的工具吗？

在特德·姜（Ted Chiang）的小说《你一生的故事》（后被改编为电影《降临》）里，他认为语言既不中性，也不是完全客观的。

故事开头，外星高级文明和人类取得了联系，但目的不明。这些章鱼状的外星人被称为"七肢桶"。小说的女主角，作为科学家代表，尝试和他们沟通。她从学习"七肢桶"的语言起步，试图了解他们。

人类的文字语言是按说话的先后顺序线性排列的。但是"七肢桶"的语法结构非常奇怪，他们的文字和语音几乎毫无关联；他们在和女主角进行书面对话时，每一次对话都只需一个符号即可完成。这个符号上非线性地排列着一串信息，信息和信息的空间顺序没有规律。随着交流的深入，女主角逐渐学会了"七肢桶"的语言。这时，奇怪的事情发生了，她开始变得可以预知将来的事，甚至看见了未来女儿的出生和英年早逝。

特德·姜在故事里对于语言学的描述，暗含了著名的沃尔夫假说，即"语言相对性"假说。该假说认为，人的世界观受限于语言的制约。

小说里的"七肢桶"是一种能看见高维空间的智慧生物，时间对他们而言只是空间的四维展开。在"七肢桶"面前，人类的过去、现在和未来被宛如画卷般一览无余。当小说的女主角也学会了这门语言时，人类与生俱来的"三维眼镜"被打破，因果观念被解除，她也就有了新的世界观和洞悉未来的能力。

在现实中，学习一套新的语言系统不至于有那么神奇的效果，但这依然是快速了解某一领域整体概念的妙招。很多专业词汇因为太过重要、使用频率太高，而需要被压缩成短语，快速表意，这就产生了不少行话和"黑话"。掌握了一套词汇表，就如同掌握了哈利·波特的"开锁咒"，一个领域从业者的"脑回路"几乎就跃然眼前了。

互联网的词汇表过长，该选哪部分说呢？要做一个鲁莽的判断的话一般可以分为定义型术语和关系型术语。

定义型术语就是形容某个东西是什么的词，比如数据管理平台（Data Management Platform，DMP）、搜索引擎优化（Search Engine Optimization，SEO）等，大家可以借助搜索工具快速查阅理解这些术语；关系型术语是描述多个对象间关系的词，常常是一些指标性术语，本章将做重点介绍。

今天的互联网，从拨号上网发展到5G，从门户网站发展到推荐流，从游戏点卡和U盾发展到在线支付，定义型术语间歇性流行，而关系型术语却经久不衰。我们可以从日新月异的商业历史中体会到，事物之间的关系比事物自身的性质更接近其本质。

接下来将为大家介绍一些互联网常用词汇，多数是关系型术语。对此已经了解的读者可以跳过此章节；如果你是初学者，可以先快速浏览，后续遇到这些术语时再回来查阅，这样更有利于快速理解。

2.1 从业务角度归类行业术语

所有业务的核心都涉及价值交换，产品向用户提供满足其欲望和需求的服务，用户支付费用，或者交换时间和注意力，并默许平台将这份注意力交换给广告商。

为了更有效率地形容参与交换的对象是否多、单次交换是否深入、交换关系是否长期稳定，很多行话诞生了。下面先从业务角度，对价值交换的广度、强度和持久性这3个维度的术语进行介绍，如图2-1所示。

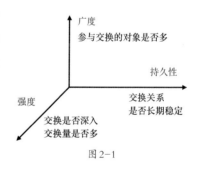

图 2-1

1. 价值交换的广度

首先介绍几个常用的绝对值指标，它们用来形容用户的规模大小，并常被用来计算其他衍生指标。

- DAU：每日活跃用户数（Daily Active User）。常用的还有每周活跃用户数（Weekly Active User，WAU）、每月活跃用户数（Monthly Active User，MAU）。
- DNU：每日新增用户数（Daily New User）。
- UV：独立访客量（Unique Vistor）。UV的概念比DAU更宽泛，可以形容站内某个模块的独立访客量。

但绝对值指标就像没有参照物的山，很难说清楚这座山究竟是高还是矮。因此，为了更好地说明价值交换的广度是大是小，比例指标往往更有用，渗透率（Penetration

Rate，PR）就发挥了这样的价值。

当你的工作是负责某一模块的功能时，你希望提升功能的使用率，研究同一功能的不同入口的渗透率会很有帮助；当你的工作是负责一个产品时，你希望提升产品的满意度，权衡和提升各个功能的使用渗透率很关键；当你的工作是管理一个公司时，你需要判断产品矩阵在获客方面的竞争力，品牌间的市场渗透率可能就是你主要关注的指标。

$$入口渗透率=\frac{某入口（链接、页面、按钮等功能入口）的UV}{DAU}\times100\%$$

$$功能渗透率=\frac{某功能的UV}{DAU}\times100\%$$

$$市场渗透率=\frac{使用某产品的用户数}{目标用户数（常常是一地区的全部人口）}\times100\%$$

2. 价值交换的强度

与广度指标更关注用户规模不同，价值交换的强度更着重刻画使用次数和时长这样的概念。常见的指标如下。

- PV：页面或按钮的总浏览量或总点击量（Page View），通常做单日统计，被用来泛指用户任意行为的总动作量。与PV相似的词还有视频播放数（Video Views，VV）和内容播放数（Content Views，CV）。

- 时长：用户在一个App、页面、视频等位置的停留时间，通常做单日统计。

- 人均动作数：人均动作数$=\frac{PV}{UV}$，这个指标衡量每个发生某交互的用户产生该行为的平均次数。这是描述用户交互强度最常用的指标之一。

- 全用户人均动作数：全用户人均动作数$=\frac{PV}{DAU}$，这个指标是人均动作数的变体，只是将分母替换成了DAU。它的存在绝对不多余，因为它可以用来避免只统计人均动作数带来的盲区。试想如果某产品增强了收藏功能，教会了更多本来不知道这个功能的用户完成了收藏动作，但这些用户的收藏习惯不如老用户强。在这种情况下，如果用人均动作数这一指标，就会发现人均收藏数明显下跌；但如果用全用户人均动作数这一指标，就会发现全用户人均收藏数是上涨的，这更能够客观反映出增强收藏功能的收益。为了防止人均动作数受到功能渗透波动的影响，在评估功能时，应当综合观察人均动作数和全用户人均动作数。

- PV中位数：用户产生某行为的中位数。前面介绍的人均动作数更适合描述方差小的数据，如果一个功能的使用强度方差很大，统计动作的中位数会更有说服力。大多数用户都只会奔着一个产品的主打功能而来，所以主打功能的使用强度方差通常较小，而一个产品的次级功能，很可能只有"死忠"用户才会使用，因此会有更大的使用强度方差，若这时只求平均值，普通用户很可能"被平均"。在实际工作中，因为在计算中位数时需要排序，计算机的处理时间会远长于求均值的时间，为了提高观测效率，绝大多数的数据看板都只显示均值。但是，在一些情况下，多花点时间观察中位数是很重要的。

3. 价值交换的持久性

在时间维度上看待价值交换有很重要的意义。价值交换的广度、强度和持久性是可以互相弥补的。一门生意如果用户规模小、单次价值交换的强度也弱，但用户黏性很强，依然可以形成一套商业逻辑。常见的描述价值交换持久性的指标如下。

- 留存率：指用户在n日后依然活跃的比例。最常被挂在嘴边的"留存"一般指"次留"，即用户的次日留存率，如果今天有100个用户使用产品，次日他们中有60个人还来，次留就是60%。其他常见的行话还有"短留"和"长留"："短留"即短期留存率，通常指次日或次周的留存率；"长留"即长期留存率，是以月或年的跨度来统计留存率。

留存率宛如产品的"心电图"，秉承长期主义的团队往往更关注它。一般而言，一批用户的留存率通常如图2-2所示，短期内留存率快速降低，然后在一个相对低的水平进入平稳期。

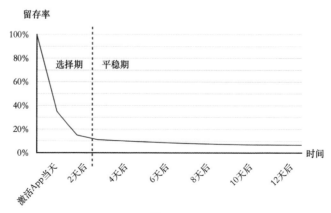

图 2-2

如果你惊讶地发现，留存率曲线像图2-3所示这样，在经历短期下降后，又回升了，那么恭喜你，你可能做出了万里挑一的好产品，见证了"留存翘尾"这一奇观。这是只有超一流的产品才会经历的数据现象，被认为是"从优秀到卓越"的标志。

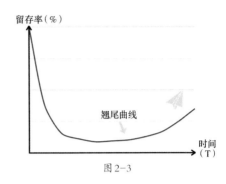

图 2-3

- 流失率：流失率＝1-留存率。流失率是留存率的概率取反。被算作流失的用户并非永不回头的用户，而只是在统计周期内没有再次出现的人。

- LT：生命周期（Life Time）。它指一段时间内，用户使用产品的平均天数。LT后面如果没有数字，表示的是用户的终身活跃天数；如果LT后面跟了一个数字，如LT30，则描述的是30天内用户的平均活跃天数。如果LT30的值是20，说明在30天内用户平均活跃了20天。实际使用时，我们并非需要真正等待30天以获得LT30的值，它可以由短期LT做线性拟合来估算。在为新产品做财务规划时，必备的LT365通常就是这样估算出来的。

2.2 与财务强相关的术语

知道了用户和产品的互动程度，我们就可以着手统计用户价值，估算出一个用户可能给公司带来的财务收益究竟有多少。基础的描述财务收益的指标如下，其单位通常是货币单位。

- LTV：生命周期价值（Life Time Value），是LT的一个派生指标。LTV=LT×V，表示用户的生命周期（LT）乘以用户在这段时间内给公司带来的价值（V）。

- ARPU：用户人均收入（Average Revenue Per User）。这个概念与LTV类似，区别在于，LTV更关注用户从激活到流失的全生命周期价值，而ARPU更多用于描述一个时间段内的用户价值，如果这个时间段是一天，我们习惯使用每日活跃用户人均收入（Average Revenue Per Daily Active User，ARPDAU）。

- CPI：平均安装成本（Cost Per Install）。既然有人均收益，则必然有人均成本。这个指标描述每吸引一名用户安装后，公司需付出的平均成本。注意在使用时要将其和消费者物价指数（Consumer Price Index，CPI）区分开来。一些产品未必涉及"安装"这一动作，则可以用更宽泛的用户获取成本（Customer Acquisition Cost，CAC）。

- ROI：投资回报率（Return on Interest）。ROI=$\dfrac{收入（利润）}{投入（成本）}$。这是会计学中普遍使用的概念，大到产品的整体营收情况，小到一个市场互动，其使用场景非常广泛，是一份付出是否划算的直接衡量标准。

从图2-4可以看出ARPU、LTV和CPI的关系。如果ARPU和LTV都预估准确，那么ARPU应该随着统计时间的延长，无限接近LTV。CPI会在短时间内大于ARPU，但随着用户使用时间的延长，累计ARPU应该大于CPI，这样ROI才可以为正，商业逻辑才能成立。当累计ARPU大于CPI时，累计ARPU曲线和CPI横线之间的面积，就是产品在当前创造的利润空间。

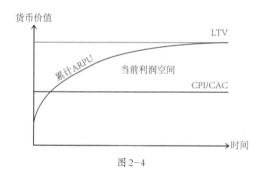

图 2-4

2.3 根植于不同商业模式的术语

上述用户角度和财务角度的术语对所有互联网商业模式都适用，但还有一些术语只适用于特定的商业模式。为避免出现"术语爆炸"的现象，下面围绕几种主要的商业模式来介绍一些常用术语。

1. 广告模式

- CPA：单次动作成本（Cost Per Action），指用户对广告做某个动作，广告商要付出的成本。CP后面加一个字母其实是一个广告界常用的术语结构，比如CPC（Cost Per Click）就是单次点击成本，CPD（Cost Per Download）是单次下载成本，CPT（Cost Per Time）是单位时间广告曝光成本。值得注意的是，CPA中的Cost和CPI中的Cost，对于互联网平台而言意义完全不一样：前一个Cost是广告商的成本，是互联网平台的收入；后一个Cost是互联网平台的成本。

- CPM：千人展现成本（Cost Per Mille），即每展现给1000个人所需的广告成本。因为互联网平台的用户基数很大，常用的广告买卖的最小单元就是1000个人。一般用CPM衡量的是广告展现量，不论用户点击、购买与否，只要曝光则需计费。

- CTR：点击通过率（Click Through Rate），$CTR = \dfrac{点击次数}{广告展现量} \times 100\%$。这是衡量互联网广告效果最常用的指标。虽然CTR极为常用，但它是个很容易受干扰的指标。比如，"标题党"会使CTR虚高而真正成单率很低；又比如，CTR会受到用户触达是否精准的影响，只要投放对象被放宽，CTR就会自然而然地下降。在受众不一致的情况下，横向比较CTR是缺乏意义的。CTR应被视作衡量广告效果的一个过程指标，而非终极指标。

2. 用户付费和订阅模式

- MPR：月付费率（Monthly Payment Rate），$MPR = \dfrac{付费用户数}{月活跃用户数} \times 100\%$。付费产品的用户中，付费者和免费试用者的行为和价值都相差很大，一般被分开统计，因此又演化出了一些新名词。比如，ARPU有一个变体——ARPPU（Average Revenue Per Paid User），即每收费用户人均收入。这个指标比ARPU多了一个P，即"Paid"，因此该指标只考虑付费者的人均收入。

- APA：活跃付费用户数（Active Payment Account）。APA是MAU的一个变体，统计一定时间内产生付费行为的用户数，通常也以月为单位。

3. 电商模式

电子商务沿袭自传统零售业的名词非常多，比如同环比销售增长率、毛利率、动销比、动销率、库存保有单位（Stock Keeping Unit，SKU）、标准化产品单元（Standard Product Unit，SPU）等。这里只谈几个具有互联网特色的词。

- GMV：一段时间内的成交总额（Gross Merchandise Voltume）。它不等于销售额，因为其计算方式只考虑是否点击购买，不在乎用户最终是否取消支付或者退货。这样计算的理由是大型电商平台的主要收入在于卖方投放广告，用户即使只有购买行为而没有实际付款，依然反映出了平台的价值。对比头部电商平台的GMV，可以看出各家平台大致的市场份额。实际上，GMV有时候会比实际销售额多几倍，这使得GMV这一指标也有了一些公关意义。

- 转化率：转化率$=\dfrac{\text{某环节访问用户数}}{\text{上一环节访问用户数}}\times 100\%$。转化率虽然对所有产品都适用，

但在电商行业尤其被重视。因为电商的用户路径长，层层漏斗的属性很明显，失掉任意一环都可能会导致交易失败。将转化率取反就是跳出率，即离开某页面的用户在所有访问用户中的占比。

在实际场景中，商业活动的参与方还有很多，如供应商、内容提供方、服务提供方、渠道商等角色，人和组织的价值交换也会几何级地复杂化，更多的行话和"黑话"则被派生出来。但是这些新术语大多都能由本章提及的基础术语延伸得到，也难以跳出广度、强度、持久度的三维评价体系。

本章介绍的术语其实已经构成了一个模糊而初步的互联网世界观。了解了它们，我们就拥有了互联网从业者的基础思维模式，可以和他们在同一个语义系统里高效交流了。这些术语会成为下一章指标体系设计的基础元素，也会在更多的章节中被不断提及，成为我们解题路上的伙伴。

第3章

丈量万物的决心
——指标体系设计

"关于生命、宇宙和任何事情的答案是什么？"这是个许多人都会偶尔思考并很快放弃解答的问题。如果你把它输入搜索引擎的搜索栏，搜索引擎可能会告诉你，答案就是42。

42？为什么是42呢？

因为在畅销小说《银河系漫游指南》的设定里，这是一台超级计算机算了750万年后给出的答案。这也是作者道格拉斯·亚当斯（Douglas Adams）抖的一个荒谬的"包袱"，直指生命的虚无，它让我们所追寻的看上去神圣的问题的答案显得毫无意义。但是在我看来，该小说关于这个问题的解答方式，其实正好折射出经典哲学的两大思潮——理性主义和经验主义，两者代表对于世界规律的不同理解方式，而这与本章要谈的主题息息相关。

在小说《银河系漫游指南》中，高维生物建造出超级计算机"深思"来回答生命的终极问题。这台计算机一旦启动，就会按照自己的逻辑开始进行运算。小说的后面几章中，计算机"深思"为了更好地回答问题，设计出了另外一台更强大的计算机来做这个工作，这台计算机就是地球，它演进的目的就是要回答生命的意义究竟是什么。

在互联网世界，这个问题或许就是"产品的终极目的和意义是什么？怎么丈量？"产品的设计将会围绕回答这个问题和实现问题的答案而展开。

为了诠释好这个问题，所有产品都各自有一套指标体系。指标体系就是围绕某个目标所设计的一套量化标准，用于监控产品状态，衡量围绕这个产品的工作是否在进步。图3-1就是某社交平台账号运营情况的指标仪表盘。

我们每个人在日常生活和工作中都免不了和各种指标体系打交道，例如，体检报告就是一套衡量身体健康水平的指标体系，考试分数是一套衡量知识储备水平的指标体系。与之相似，互联网产品的指标体系反映产品运行的健康度。指标体系具备"世界观"的作用，好的世界观能够产生好的方法论，应当尽量全面客观。

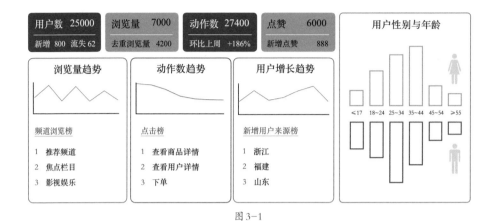

图 3-1

3.1 指标体系的设计原则

世界上所有好的指标体系，从体检表到宏观经济指标体系、从交通违章计分体系到互联网业务指标体系，在设计时一定遵循以下三大原则。

3.1.1 MECE原则

MECE（Mutually Exclusive Collectively Exhaustive），意思是"相互独立，完全穷尽"或者"不重不漏"。MECE原则是由麦肯锡的第一位女性顾问芭芭拉·明托（Barbara Minto）在20世纪60年代提出的。她写就《金字塔原理》这本畅销书，MECE原则就诞生在这本书中，现已成为广为流传的思维工具，帮助人们梳理逻辑脉络。

MECE是一种结构化分析方法，也被一些人叫作"麦肯锡逻辑树"。明托认为，面对待解决的任务，先要有一个有形结构作为"世界观"布局。这个布局由一个核心问题统领，横向延伸出一系列子论述，每一个子论述都是核心问题的重要子模块，如图3-2所示。

绘制出"麦肯锡逻辑树"后，我们需要做两个检查：

• 如果做横向组间的对比，它们在内容上是否互斥、是否不重复？如果答案为"是"，我们就做到了"ME"（相互独立）；

• 如果将所有分组汇总，它们是否能够穷尽论述核心问题的所有角度？如果答案为"是"，我们就做到了"CE"（完全穷尽）。

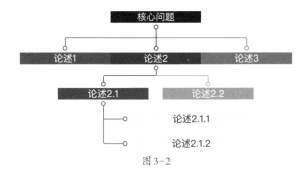

图 3-2

咨询顾问们的一个常用吐槽句式就是"你这样想不'MECE'"。但真正做到"MECE"其实非常难。很多教科书级的商业失败案例都与市场预测做得"不MECE"有关。例如，IBM公司曾把个人业务理解成纯粹的硬件生意，而忽略了软件的巨大价值，错过了个人业务的浪潮；门户网站巨头雅虎、搜狐因为忽视了个人媒体的兴起和去中心化交互的市场潜能，而错过了 Web 2.0 社交媒体的崛起……

在科技行业，这一系列的故事听起来就像"俄罗斯套娃"，且一定会继续"套"下去，因为看不清全貌可能就是人类的普遍状态。事后，我们当然可以这样说：这些管理者当初的商业模式逻辑树就有缺陷！但关键问题是我们能否从这些失败案例中学习到什么？

我们看到，MECE原则对于指标体系搭建非常重要，因为指标体系具备很强的"手电筒效应"（人们只会在手电筒照得到的地方找东西）。指标体系搭建结束后，各条线都会按图施工，实现局部目标。一旦漏掉了某个逻辑模块，可能就再也没有人关注这一模块的业务了。

那有什么关于"MECE"的好例子吗？

还真的有，不过很多时候只有马后炮的人才做得到。

查理·芒格（Charlie Thomas Munger）在1996年做了一场"关于现实思维的现实思考"的演讲。在演讲中，他提出这样一个问题：如果你回到1884年的亚特兰大，有个富翁愿意拿出200万美元投资一种叫可口可乐的饮料，你觉得可以怎么让他信服这个品牌能在150年后具有2万亿美元的价值？

芒格用很长的篇幅陈述了自己的答案。这个答案充分体现了结构性思考的魅力，被认为是"MECE"的典范，很具有参考性。芒格不重不漏地论及了所有可口可乐公司该做的重要决策及其必要性。这是个很值得了解的思想实验，涉及成本和利润、商标和专利权、供应链、促销手段、国际化战略等影响商业战略的诸多方面。而如今可口可乐内部各部门所拥有的指标体系，与芒格关于此问题的答案，有异曲同工之妙。

3.1.2 有主次可拆解原则

在用MECE原则检验过指标体系之后，很多人都会肾上腺素飙升，跃跃欲试，想要大干一场。但在此之前，我们还需要打上一针清醒剂，即有主次可拆解原则。

指标体系不仅能够帮助我们厘清问题和解决途径，还有另外一个重要的指导意义：组织能借指标体系安排项目人员的分工。因此，指标体系应该是有主次的，它至少包含3个层级：战略层级、业务层级和执行层级。理解这些，我们才能知道如何各司其职。

1. 战略层级的指标

对于大多数产品而言，DAU、MAU都是很关键的战略层级的指标。在此基础上，不同的商业形态会有个性化的战略层级的指标，例如电商平台会更关心GMV，而内容消费类App会更关注时长等。这些指标的涨跌直接反映了用户对整个产品的认可度及业务的增长情况。因此，所有子业务线的改进都应该以战略层级的指标的上涨为最终目的，任何局部提升都不该以战略层级的指标下跌为代价。

2. 业务层级的指标

通过对战略层级的指标的拆解，不同的业务部门有了各自的指标体系。例如，战略层级的用户量指标可以分解为新用户规模、用户留存率和老用户存量等下级指标。这些被拆解后的指标被各个业务部门作为自己的核心指标。例如，用户增长（User Growth，UG）部门会将每日新增用户量作为核心指标，各产品部门则比较关心各功能模块对用户留存率的影响。

同理，战略层级的指标GMV也可以被拆解成订单数和客单价，被用户产品部和商务拓展部分别领走，成为他们的核心指标，如图3-3所示。

到了业务这一层级，指标开始越裂变越多，如果不对其按重要性进行排序，就会在执行层级出现"指标爆炸"的情况。

1996年，乔布斯回归苹果时，发现彼时的苹果竟然有几十条产品线、1000多个项目。于是，很多人都目睹了这样的场景：乔布斯在白板上对着密密麻麻的产品名拼命画叉，当他转头重新面对大家时，背后的产品线只剩下4条了。这个剩下的名单显然比画叉前"不MECE"，但乔布斯把重振苹果业绩的思路清晰地摆在了大家面前。

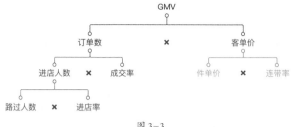

图 3-3

这就是为什么说有主次可拆解原则是 MECE 原则的一针清醒剂。有一幅大好蓝图非常重要，但在施工时并不该完全均匀发力。

那么，如何对业务指标做重要性排序？这通常需要定性判断，但有时也可以借助量化依据，例如，观察各个业务层级的指标与战略层级的指标是否有很强的相关性，越是相关性强的业务越值得在短时间内重点投入。

3. 执行层级的指标

同样，对于重要业务线，我们需要继续进行拆解。比如，对于 UG 团队而言，新用户可以通过市场活动、常规投放、裂变和预装机等不同方法获得。

业务层级的指标是目的指标，执行层级的指标是过程指标。过程指标之间允许发生你涨我跌的置换，比如有的推广活动会使特定广告渠道的新增量猛增，而造成本来可能去应用商店下载产品的用户（自然新增用户）也通过这些渠道进行跳转下载，导致自然新增用户量下跌，这是被允许的，只要目的指标——新用户整体规模，不轻易减小。

指标体系既是对业务逻辑的梳理，也是对组织关系的梳理。有主次可拆解原则可以使它像一面明亮的镜子，既照出业务的逻辑结构，也能让团队参照着梳理人事结构。它的主次层级和可拆解性能够确保每个人都知道自己要做什么，以及做这些是为了什么。

3.1.3 测量工具的可靠性原则

既然用了镜子比喻指标体系，那这面镜子当然不能是哈哈镜。我们要确保镜子反映实际情况，就要确保测量工具的可靠和好用，这就涉及 3 个重要的衡量角度：效度、信度和敏感度。效度、信度和敏感度达标也是统计学上对所有观测活动的基础要求。

1. 效度

效度（Validity）体现测量工具的有效性。它能证明研究者的观测指标是不是在正面回答研究者的问题。例如，"这孩子好顽皮啊，他应该很聪明吧？"就是一句效度很低的话，因为孩子的顽皮程度并不能有效地衡量其智商。

效度低的指标体系就好比一个弓箭手射箭，即使他的水平很高，但他总是瞄准着7环开弓，永远取得不了好成绩。

为了保证效度，我们应该时刻扪心自问自己究竟想知道什么，测量工具是否能真实地反映这个问题。比如，衡量用户是否喜欢一个在线视频，可以收集观看时长、是否播放完、点赞量、投币量、收藏量、稍后再看量等数据。但仅有这些数据还不足以清楚地判断用户是否喜欢这个视频，我们还需要知道这些数据在效度上是否有差别。

我们先看停留时长。从常识的角度，停留时长越短，用户应该越不喜欢。但是，仔细想想，用户停留时长短的原因可能有很多，例如，他可能已经得到了有用的信息，所以心满意足地走了；他只是有事暂离，打算下次继续看；还有些视频本身就时长偏短，用户自然看不了太久。

再来看一下投币量、收藏量或者稍后再看量等指标。的确，做出相应动作是表明用户强烈喜爱的信号，但会做出这些动作的用户往往比较活跃。如果将投币量、收藏量或者稍后再看量作为衡量指标，相当于"偏心"小部分人而舍弃了大部分用户，这些指标也就不具备很高的效度了。

相较之下，点赞量的效度最高。它既明确，又具备普适性。值得一提的是，Facebook甚至对点赞量的效度还不够满意。他们设计出多种表情按钮替换了点赞按钮，如图3-4所示，这既让用户能便捷表达更多样的情绪，也使Facebook对情绪的分类统计变得更为精确，进一步提升指标体系的效度。

图3-4

2. 信度

信度（Reliability）是指采用同样的测量方法对同一对象重复测量，是否能得到一致的结果。

信度低的指标体系，就像一个弓箭手即使总是瞄准 10 环开弓，但是由于他水平很低，最后整个靶子上都是他的箭孔。

自然科学界的测量工具往往有很高的信度，人文科学则常常被诟病信度偏低。例如，16 型人格测试在对人格的分类上似乎颇有道理，但做过测试的人都会知道，即使过很短的时间再测，自己很可能就换了一副"面孔"。

很多商业指标也是把人作为测量对象的，同样会面临和人文科学相似的信度困境。在实际业务场景中，如果某个指标"噪声"较大，常出现难以解释的波动时，这个指标的信度很可能不够高（以箭孔类比不同信度和效度的组合如图 3-5 所示，在最左侧的靶子上，不同箭孔之间离得很远，说明"噪声"较大）。此外，使用率低的功能，样本量很少，也不适合纳入指标体系，会影响指标的信度。

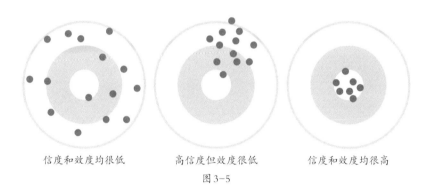

信度和效度均很低　　　　高信度但效度很低　　　　信度和效度均很高

图 3-5

3. 敏感度

对敏感度描述的是：被监控的变量发生多大程度的变化，可以在监控指标上反映出来。有时它也被视作效度验证的一部分。例如，有 10 个人打靶，每个人都是 10 环，说明指标的敏感度很低——或许靶子有一个操场那么大。

经典的敏感度不足的例子就是 GRE 考试的数学部分了。GRE 考试是针对美国大学生设计的研究生入学考试。而大多数中国考生会发现，获得一个接近满分的教学成绩并不难。这说明该考试对中国考生的敏感度不足，基本无法对中国考生的量化能力进行梯度区分。

在设计指标时，我们需要思考这个指标能够多敏感地帮我们发现问题。例如，同样是衡量留存率的指标，次日留存率就比周留存率的敏感度高，次日留存率下跌可以立刻反映出昨天的站内问题；又例如，增量指标比存量指标的敏感度高（例如，对于出行产品而言，当日接单数比累积接单数更能反映出司机在当下的运力）；再例如，对于马太效应明显的功能，渗透率指标比人均指标的敏感度高，因为人均指标更容易有偏向地刻画高活跃度用户的行为，而不能充分捕捉低活跃度用户的行为变化。

3.2 指标体系经典模型

前面介绍了指标体系的设计原则，它几乎对所有产品都适用。如果说设计原则是游泳比赛的规范，那本节要介绍的是指标体系的经典模型，就如同蛙泳、蝶泳、自由泳等经典泳姿。

如果我们将商业世界中繁多的指标体系加以整理，砍掉细枝末节、总结共性和规律，那么可以提炼出几种设计结构，它们各自对应着不同的典型业务模式。我们可以把指标体系分成复式记账模型、点线模型和漏斗模型3种理想类型，如图3-6所示。几乎所有的产品都以它们中的一个为指标体系主模型，并兼具其他模型。

复式记账模型常见于内容平台模式，点线模型常见于互动和社交模式，漏斗模型常见于工具和电商模式。

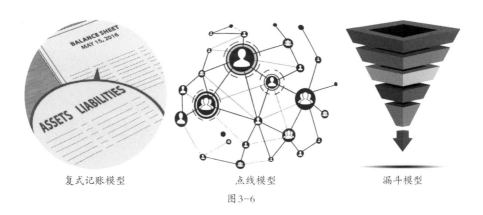

复式记账模型　　　　　　　点线模型　　　　　　　漏斗模型

图3-6

3.2.1 内容平台模式的复式记账模型

学过会计的人都对复式记账法不陌生。单式记账法就是每发生一笔开支，只在总资产里做增减记录，或者只在总支出里做记录；而所谓复式记账法，就是要将这笔金额在收支两边都各记录一次，即做双重记录。

刚学复式记账法的时候，很多人都会很困惑，为什么要把一样的东西在两边各记录一次？这是因为经济业务具有双重性。账本分为两列，一列展示项目资金的来源，记为"贷"，一列展示项目资金的去向，记为"借"，双方对同一笔价值交换的诉求完全不同，为了方便双方从各自的角度处理信息，慢慢地发展出了记两遍的做法。同时，对于企业经营来说，在资产与权益之间存在必然的平衡关系：资产＋费用（花出去的钱）＝负债＋所有者权益＋收入（收进来的钱）。用这个公式可以对账本的两边做试算平衡，账本不应该"平"。

类比互联网的内容消费模块，也可以看到明显的业务的双重性。从传统的门户网站到现在的推荐流 App，不论是新闻、视频还是商品展示流，内容和用户的交互都存在一体两面性。在设计指标体系的时候，我们需要对两边做双重刻画，满足这样一个公式：内容展示总时长＝用户消费（内容）总时长。

这看上去完全是一句废话，但对内容和用户进行重复"记账"非常必要，指标体系设计者往往会将同一套交互表现分别统计到内容和用户身上。对于用户而言，指标体系有时长、动作率等；相应的，对于内容而言，需要统计其获得的观看时长和互动情况。这种指标体系设计看似重复劳动，但可以帮助产品人从内容供给者和消费者两种角度看待价值交换。在之后的章节中，我们将看到这种"供给－消费"模型是如何应用于产品改进的。对于内容社区而言，最常见的复式记账模型包括内容侧和用户侧，如图 3-7 所示。

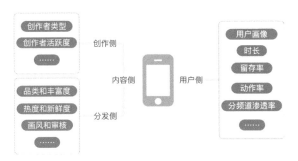

图 3-7

内容平台可以看作由创作者和内容消费者构成的供需双边市场，双边市场还包括电商、出行、生活服务应用等各类涉及多个供需角色的商业模式。复式记账模型的两侧一般在运营层面相对独立，由不同团队负责，但在指标增长上互相映照。对于电商而言，最常见的复式记账模型包括卖家侧和买家侧，如图3-8所示。

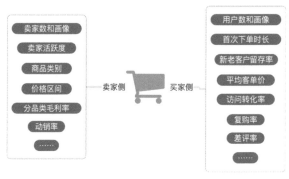

图 3-8

3.2.2 互动模块的点线模型

说到要描述一个组织或一系列角色的关系，很多人的脑子里首先会蹦出类似图3-9所示的基于汇报关系的结构。

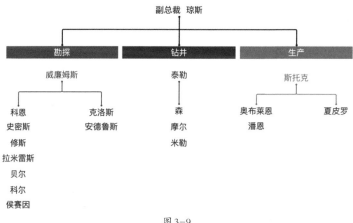

图 3-9

但是图3-9不能很好地反映角色间的互动关系和信息流走向。于是，为了揭示组织中真正的互动情况，学者们在记录人际间的信息沟通之后，把图3-9所示的结构修改成了图3-10所示的基于信息交互的组织结构。乍看之下，这样的排布反而更乱了。不过社会学家认为，这张看上去杂乱的图才更接近于组织的本质，其网状结构更生动地刻画了什么是互动。也是依靠这张图，人们清楚地看到高高在上的副总裁琼斯，其实徘徊在人际网络的边缘地带，而勘探部门普通的小员工科尔反而是重要的信息节点。

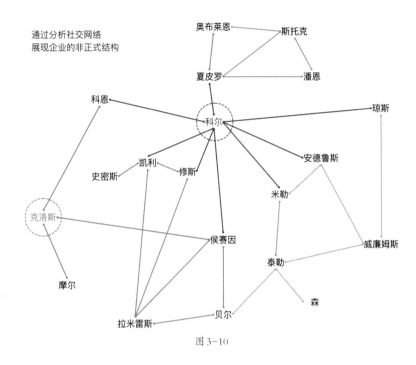

图 3-10

上述案例采用的是社交网络分析（Social Network Analysis）[1]这一方法论。它的出发点很简单，就是将人、物或者组织比作节点，而节点间的线代表两者的某种关系或者互动。在理解人类的社会关系、行为特点和信息传播的规律等方面，社交网络分析提供了很强大的量化方法。这一量化方法涉及诸多名词，这些名词也都非常有趣，不过此处暂不讨论，只借用一下该方法的思维模型——"点线图"。

当一个互联网产品存在互动模块的时候，我们就可以利用点线思维来构建核心指标的基础框架，并理清思路。人和人的互动关系，不论是对话、点赞还是成交，都可以用连接节点的线来表示，如图3-11所示。当然，这只是一种思维模型，而不是真的要用它对海量用户做数据可视化处理。有了这张概念上的网络图，衡量用户互动情况必不可少的指标就跃然纸上了。

---

1 Cross, R., Parker, A., Prusak, L., & Borgatti, S. P. (2001). Knowing what we know: Supporting knowledge creation and sharing in social networks. Organizational dynamics, 30(2), 100–120.

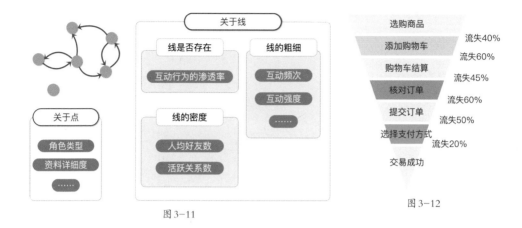

图 3-11   图 3-12

首先，社交模块的设计者总是希望每个用户都产生互动，孤立的节点越少越好，用户互动的程度可以通过计算有连接节点的占比来衡量，比如有关系用户的占比、互动行为的渗透率等。

其次，互动越多越好，也就是线的密度越高越好，这可以用连接节点的线的数量来衡量。对于社交产品，衡量指标可以是人均好友数、每日互动对象数；对于出行产品，衡量指标可以是人均成单量、人均运次。

说完了线，节点也具有指标意义。我们希望社交产品中的每个角色都建立起丰富、可信、吸引人的形象。因此对于节点，我们需要衡量其社交信息的完整度、个人形象的完善度等。

出于业务的需要，我们在设计指标时，还会把节点分成不同的类型、区分线段的单双向等。我们平时所说的"信息瓶颈""意见领袖""圈层""科技瀑布流"等都可以依靠这套思维模型做准确的定量描述，这在之后的章节会提到。

3.2.3　工具和商业化模块的漏斗模型

漏斗模型相信大家已经非常熟悉了。它常常被用来衡量多个连续环节的用户转化情况，是工具和商业化模块的核心思维模型。

对于内容和互动模块，漏斗模型没有那么重要，因为用户在看视频的时候并不需要按特定顺序完成一系列操作，和朋友互动时也没有遵循先做什么后做什么的规矩。但是工具模块，比如目的地选择和车辆呼叫页面、商品选择和下单页面，都具备逻辑顺序结构。在这样的场景中，用户需要理解和完成一系列标准动作，在任何一处少完成一环，目的就无法实现。图3-12所示的是电商买家的流失漏斗。因此，每一环的转换率就成了至关重要的监控指标。通过层层监控，我们能够理解哪一环在设计上出现了纰漏。

以上就是构建指标体系的常用思维模型。

指标体系是需要在开工伊始就确定的。但仔细想想，这件事似乎具有一些矛盾性：我都还没从工作中吸取经验，怎么就要建构出一个关于它的指标体系了呢？从这个角度来说，指标体系的搭建就充满了理性主义的"演绎"意味。即使还没有开始实践，我们也需要从业务目标这个条件出发，运用逻辑和推理，找到最核心的那几种关系，构筑出对产品的整体认识框架。

有了这个框架做指导，我们会开始试错和实践，并从种种观察中继续提炼新的理论，这个过程就更具经验主义的"归纳"气质。如果说，指标体系是生命体的骨骼，那实践得来的具体经验就是生命体的血肉。

在这一章，借助理性主义的思维方式，我们着重聊了指标体系的设计原则和经典模型。在下一章，我们将借助经验主义的思维方式，谈论数据分析的先贤们如何从实践中归纳出真知。

第4章

安乐椅侦探的好助手
——数据采集和整理

悬疑故事里的英雄们大致可以分成两类，武将型英雄和文相型英雄。"武将"四处奔波劳碌，身体力行地追击反派；"文相"则喜欢安静地搜集情报，做做案头工作，不擅长格斗。这些英雄中还有一类"懒惰到极致"的特殊人群，被称为"安乐椅侦探"，他们除了动动脑以外，完全不愿进行任何额外的活动，只等着线索被呈上来。

在《大侦探福尔摩斯》这部小说里，夏洛克·福尔摩斯的哥哥——迈克洛夫特·福尔摩斯就是这么一个聪慧十足的"懒人"。勤奋的夏洛克这样评价哥哥："假如推理可以在安乐椅上完成，那么我哥哥一定是个举世无双的大侦探了。可惜他没有这个雄心和精力，连去证实一下自己所做的论断也嫌麻烦。"

生活在19世纪的夏洛克应该想象不到，真的有一天，所有人都可以成为"安乐椅侦探"，吹着空调就把远在千里之外的谜题给解决了。

在前一章中，我们了解了相对抽象的指标体系设计原则和经典模型。在这一章里，我们将具体地介绍数据是如何被灌注进我们设计好的指标体系中的。如果说本书的大部分内容是在讲述推理故事，那么本章就是在交代线索是如何被传达到侦探手里的，但这部分内容可能有些枯燥，读者们可以酌情把握阅读速度。

4.1 数据采集

4.1.1 数据采集的世界观

大多数情况下，人们都是先提出一个问题，对此做出理论假设，再着手采集必要的数据，验证假设。这就好比"感到渴了，再专程去井中打水"。而人口普查是一种特殊的、"自来水"式的数据采集方式。

关于人口普查最早的记载，世界史学界普遍认为是明朝朱元璋时期进行的普查工作，另有一部分史学家认为第一次较为准确的人口普查开展于西汉时期[2]。

以数据保留完整、数据点翔实、覆盖率高而著称的人口普查，可追溯至19世纪的英国。当时的英国刚经历了工业革命，又迎来了数据使用理念的革命。英国的国家统计机构发起了声势浩大的人口普查活动。

图4-1中这个看起来温和朴素的人名叫威廉·法尔（William Farr），是人口统计制度和医学统计学的奠基人之一。他推动了一场无声的革命，成了英国第一批以产业规模管理数据的人。在本章中，我们将看到产业化管理方法对于解决社会问题的具体价值，以及它的影响力是如何延续到大数据时代的。

图 4-1

当时，以法尔为代表的英国公职人员们走街串巷，尽力对每一个地区、每一位国民的重要信息进行全盘登记；将信息存储下来之后，如果遇到了具体问题，再对已有信息加以整理和分析。

从此人口普查开始具备两个鲜明的特点。

第一个特点：规模化、结构化地管理数据。每个人的生命事件都被用相同的维度记录，进行格式化存储。

第二个特点：从问题驱动到数据驱动。因为有了不停歇的数据采集，人们不仅可以在提出问题后实现快速解答，还可以通过将不同维度的数据加以组合，定位新的问题、

---

2 葛剑雄. 中国人口发展史［M］. 成都：四川人民出版社，2020.

发掘新的观点。依赖相同的数据源，不同领域的研究者可以建构出截然不同的理论。

这两个特点作为数据采集的基础世界观沿袭至今，并变得更为广泛和深入。即便在工业革命之后的维多利亚时期，英国人也花费了十几年的时间才收集完几百万人的数据。而今天，信息的产生规模已经非常惊人。据统计，在2020年，全世界每秒产生的可被记录的信息总量平均到每个人有2MB，这相当于一本百万字的汉语小说。想象一下，你的每1秒都可以写出一本《三体》那么厚的书！于是，信息的增长速度也超出想象。2016年，IBM公司发表研究称，人类有史以来90%的数据都是在过去两年产生的。

4.1.2　数据采集的基本手段

说完了世界观，接下来让我们一起看看数据采集的基本手段。除了文献收集和问卷调研，依托于新技术和互联网，数据采集的手段变得更加多样。

在实际应用中，针对将信息从数据源搬到数据库这一过程，通常有专业的硬件和数据开发人员参与，数据分析人员使用的是已经整理好的结果。因此这里不会具体解释数据采集的物理实现方式，只简单介绍3种常见的数据采集手段：通过传感器、埋点日志和网络爬虫采集。

1. 传感器

传感器是一种检测装置，能够接收压力、温度、光信号等形式的信号，常能将某种类型的信号转化成其他信号（通常是计算机可以读取和存储的电信号）。我们常见的触屏（图4-2所示为触屏工作原理）、按键和鼠标，其核心部件都是传感器，我们的眼睛、耳朵同样是传感器。传感器是数据过程的源头，如果没有传感器，也就没有任何功能可以被使用，更没有来自源头的数据。

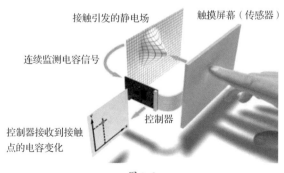

图4-2

2. 埋点日志

埋点日志是互联网产品记录人机交互的常见手段。"埋点"就是采集行为点数据的通俗说法。埋点日志，通常特指互联网产品对用户进行行为数据采集后所形成的记录。用户操作软件特定功能（比如单击一个按钮）的同时，也触发了虚拟传感器。它们会按照预先设计好的规则，孜孜不倦地将用户的操作记录下来，然后传送给数据收集系统。

3. 网络爬虫

网络爬虫是计算机按照预先规范好的数据结构，读取和收集网页信息与网络文献的手段，可以理解为文献整理员和数据抄写员的机器化。我们常用的搜索引擎，其实就是网络爬虫的一种应用。网络爬虫和埋点日志的差别主要是应用在外部网络还是内部系统的差异，网络爬虫可以爬取网络上其他产品的公开资料，仅此而已；埋点日志则是由系统的软件开发人员从代码层埋入的，理论上可以获取全部的数据。

4.1.3 个人信息安全原则

本书将要论及的案例基本都涉及个人信息的收集和处理。随着信息收集的实时化和多维化，个人信息安全的风险等级也在相应提升。为了规避对用户的隐私侵害，在信息采集的过程中，依据《信息安全技术个人信息安全规范》，我们需要遵循如下7条原则。下面将这些原则分成3组介绍。

1. 目的明确、最小必要、权责一致

在收集个人信息时须有正当、清晰、具体的意图；只处理满足业务目的的最少信息，不做超出必要限度的信息收集；如果造成个人信息被不当泄露、利用等侵害，负责个人信息安全的一方需要对此侵害承担责任。

2. 选择同意、主体参与

信息收集前须告知个人，并提供不接受采集和不使用服务的选项；即使在同意采集之后，个人依然保有更正、删除个人信息，撤回授权的权利。

3. 确保安全、公开透明

信息使用方需具备与风险相匹配的安全能力，采取足够手段保证个人信息的保密性、完整性；信息处理的目的和规则是可公开的，能接受外部监督的。

需要注意的是，以上原则是信息采集和处理的最低标准，在实际工作中，我们应当用更高的标准维护信息的正当使用，本书将在第17章用一个具体的例子讨论这个问题。

4.1.4　埋点设计的4W1H规范

有效的数据采集就像简短精确的新闻报道，需要用最少的篇幅传达出一个事件的核心要素。新闻学中有5W规范，这在数据分析的场景中同样适用，但要"微调"为4W1H规范。

让我们以埋点设计为例认识一下什么是4W1H。一个埋点应该至少上报如下信息。

- W（Who）：是谁，指动作主体，比如动作发出者的设备ID或用户的ID。
- W（When）：何时，指交互发生的时机。
- W（Where）：在哪儿，指交互发生的位置，比如某个页面。
- W（What）：做什么，指交互的对象，比如一个视频、一个商品或另一个用户。
- H（How）：如何做，指交互的方式，比如单击播放、下单或发出消息。

5W规范中的第4个元素是"做什么（What）"，包含了行为和对象，埋点时两者的信息是分开传输的，所以这里分为交互的对象和交互的方式。另外，原来的第5个元素是"为什么（Why）"，这是数据分析之后才能回答的问题，与前期的数据采集无关。

图4-3左侧所示是小男孩小明的漫画形象。如果我们被要求只能靠语言向其他人快速描述这幅漫画的内容，就可以运用4W1H规范，得出图4-3右侧所示的表。

4W1H原则	漫画中	埋点日志
是谁（Who）	漫画主角小明	User_id=Xiaoming123
何时（When）	2010年10月19日下午3点	Time=128747600
在哪儿（Where）	操场	Position=playgroud
做什么（What）	玩棒球	Event=playbaseball
如何做（How）	抛球	Params=toss

图4-3

有了4W1H规范，我们可以用相对较小的存储空间，将一所学校所有师生所做的事情都统一归档到一套数据日志中。

依靠这套日志，我们就可以在时空中搜寻某个"Who"，调取他的所有行为，并针对他讲出一个特定的故事；我们也可以搜寻一个特定时间，描述该时间点所有"Who"的行为，生成一个群像故事。

图4-4所示的漫画可视为以小明为线索的跨时空的事件日志。

图 4-4

另外，为了保证能够更换角度对数据做不同整合，在埋点上报时，对于相同的人、事、物，我们要保证它们在任何场景中的命名都是一致的。

在很多情况下，我们还会为4W1H要素增添一些描述性变量（比如注明是点击进入还是左滑进入）。此外，还应该注意：只要是相同意义的参数，其语法规则就该高度统一。

4.2 数据整理

即使埋点设计得再精简，经过日积月累的上报，埋点日志的体量也会非常惊人。如果每分析一个问题都要直接从埋点日志里取数，计算量是很大的。数据工程师的解决方案是针对高频取数需求，将埋点日志的数据预先加工，然后放入一系列不同层级的数据表中，以供快速查询。

我们大致可以把数据层由下至上分为ODS层、DWS层和DM层，表4-1为数据层的主要操作和示例。在这样的结构中，越顶层的表解决更专业、更固化的问题，以减少每日的运算量；而越底层的表则随时可以被重新组合，用来回答更广泛的问题。

* ODS（Operational Data Store）层是操作性数据存储层，有时也被直接叫作原始数据层，它就好比自来水厂的蓄水装置，将自然界中的不同水源做汇总、净化和存储。生产ODS层数据，就是将埋点数据结构化后直接录入数据表。

* DWS（Data Warehouse Service）层是一般狭义上的数仓（数据仓库）。它是数据汇总层，用于对数据按主题做初步整理。在这一层，如果数据工程师要制作一张记录用户信息的表格，通常会综合埋点数据、设备信息等所有相关数据源的信息，将各种维度的信息汇总，形成"用户大宽表"，每个用户后面都跟着一大串数据。

● DM（Data Mart）层是数据集市层，往往针对更具体的应用场景，DM层的表是由DWS层的汇总表再加工得来的一种"快查表"。这一层的表格具备更明确的使用目的，常常会对多个主题表的数据做筛选和聚合。比如，如果我们要按天统计商品每天被浏览和购买的行为，就涉及商品信息和行为信息，程序员需要将商品表和行为表的重要字段筛选出来，拼接成一张新表格，这张表格可被认为处在DM层。这一层的表格通常体量更小，查询起来更快，是回答高频问题的好帮手。

表4-1　数据层的主要操作和示例

数据层	各层的主要操作	示例
DM层	按具体目的聚合出新表	商品数据和用户行为数据的聚合表
DWS层	分主题汇总不同数据源	用户表、商品表
ODS层	对采集来的数据进行清洗和结构化	埋点日记、传感器、网络爬虫等数据源的加工

4.3 数据表结构

在存储和使用数据时，我们需要遵从特定的规范，以防止出现模棱两可的理解，造成对信息的误读。数据表结构是数据表的语法，对所有数据使用者有着强大的约束力。

数据表结构的规范早在几百年前就已经发展成熟。1829年，伦敦爆发了严重霍乱，大约15000人丧生。在这个被工业革命搅得烟尘飞扬、污水乱流的城市里，威廉·法尔整理出了干净明白的数据表，以求尽快找到抗疫方式。下面这个油墨印刷的表格（图4-5）就出自他手，这是霍乱统计记录，从中我们已经可以看到现代数据表的一些特征。

在该表的第一列，"London Districts"和"inland Town Districts"都是区域名，这说明这张表的描述逻辑围绕区域展开，其最细粒度达到了区域这个级别。区域名就是表的主键。

图4-5中的人口（"Population"）或者1849年霍乱数（"Cholera in 1849"）等界定了统计者要从什么角度统计各个区域的数据，它们是字段名。字段名又可以分成维度和度量。今天数据表的结构，与上图中的表格相差无几。接下来，让我们具体理解一下主键、维度和度量等数据表结构规范。我们还会看到，这样整理得当的数据结构是如何在19世纪的伦敦和今天的产业界发挥作用的。

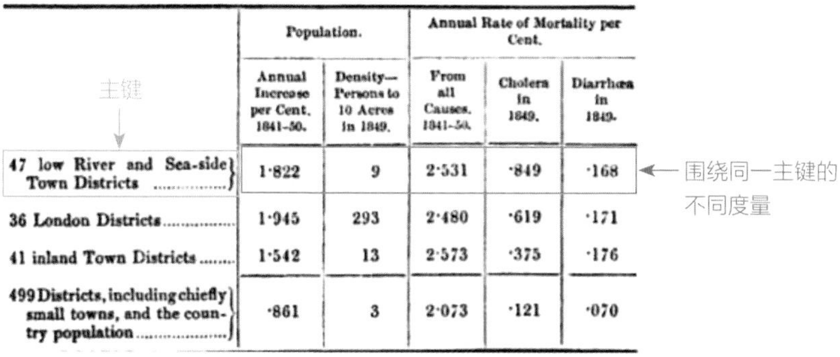

	Population.		Annual Rate of Mortality per Cent.		
	Annual Increase per Cent. 1841-50.	Density—Persons to 10 Acres in 1849.	From all Causes. 1841-50.	Cholera in 1849.	Diarrhœa in 1849.
47 low River and Sea-side Town Districts	1·822	9	2·531	·849	·168
36 London Districts	1·945	293	2·480	·619	·171
41 inland Town Districts	1·542	13	2·573	·375	·176
499 Districts, including chiefly small towns, and the country population	·861	3	2·073	·121	·070

图4-5

1. 主键

主键这个名字，听上去就应该是整个故事的“关键角色”，它展现了一张表的记载粒度和检索方式。在查数时，只需找到相应的主键名，其所在那行的信息都是围绕它展开的描述。比如，表4-2中的主键是商品ID。每个商品的ID都是某种具体商品的唯一标识。你可能会问，为什么用ID，而不是以商品名为主键？因为ID极为精简，可以有效地减少犯错可能和数据冗余，提升查询速度。没有角色的故事是讲不起来的，因此一张表的主键不能为空值，且不可重复。

表4-2　商品类目和消费表现数据表样例

主键	维度				度量		
商品ID	商品名称	商品一级分类	商品二级分类	商品星级	当日展现数（次）	当日下单数	用户人均停留时长（秒）
84744385	哈哈洗发水	健康美容	洗发水	4	100	11	3.232
10937457	瓜瓜牙刷	健康美容	牙刷	2	98	18	9.073
34348579	花花香皂	健康美容	肥皂	3	45	6	5.927
29475983	喵喵猫粮	宠物	猫食	1	29	3	10.592
93948823	汪汪狗粮	宠物	狗食	5	24	4	8.562

2. 维度和度量

表4-2中的“商品名称”“商品一级分类”等都是字段名，每个字段都是围绕主题所做的某种角度的描述。字段又可以分为维度和度量两种类型，反映着事物的定性和定量两类特性，对应不同的数据类型。表4-3是对维度和度量的解释。

维度一般由分类变量构成，分类变量总是能帮助我们将对象按照不同的性质分成几组，比如商品分类、用户性别等。具体来说，分类变量又包括名义变量和定序变量。

名义变量描述对象的性质，比如表4-2中的"商品一级分类"；定序变量是表达层级或排序的变量，比如表4-2中的"商品星级"。分类变量一般不能进行加减乘除运算。

度量一般由数值变量构成，反映着量级和比例上的属性，可以进行加减乘除运算。

数值变量有离散型和连续型的差别，离散型变量常见于各类计数结果，只有整数，比如当日展现数和当日下单数；连续型变量，顾名思义，可以取包括整数在内的任意数值，比如用户人均停留时长。

表4-3 维度和度量

字段类型	维度		度量	
变量名称	分类变量		数值变量	
	名义变量	定序变量	离散型变量	连续型变量
变量特点	不能进行加减乘除运算		可以进行加减乘除运算	
	没有顺序差别，仅做分类	可用于对比事物的等级或顺序	整数	可以任意取值
互联网场景中的使用示例	商品分类、用户性别	商品星级	当日展现数、当日下单数	用户人均停留时长

3. 全量表和增量表

目前，我们只考虑了数据表的空间意义而没有探讨其时间意义。

数据采集频率是天级、小时级甚至毫秒级的，那么在整理数据表时，我们该怎么考虑时间因素？这就涉及增量表和全量表两个概念。

想象一下小时候的你，某一次犯错后被父母发现，你会只想就当时的错误展开辩解，这就是"增量"思维；而父母在批评你的同时，不忘揪出你的所有愚蠢过往，这就是"全量"思维。

同理，增量表是每一个时间窗口的数据切片。当我们想查询10月2日的商品消费表时，数据系统返回的内容是10月2日所有商品的展现和下单情况。

全量表则是记载全部历史数据的表。它会用于统计某对象在完整生命周期中的数据，比如用户从产品诞生起，到今天为止的所有购买数据，使用时只取最新的分区即可。

有一类特殊的全量表，专门记录对象的稳定属性，有时也被称为维表。比如专门记载商品类目、款式等属性的表，如果需要增加新款式的商品，我们只需要在全量表中添加新款式的商品就好了。

如果以数据价值来做比喻，增量表着重刻画某一时间点的"现金流"，而全量表可以展现"数据资产"的大小。

4. 标签的意义

"标签"是互联网运营中的常用术语，相信即使不从事这个行业的人也久闻其名。广义上的标签其实和维度是同义词。

标签能够降低源数据的杂乱程度，凸显核心信息。实际应用中的标签，既可以通过埋点获得，也可以通过对数据进行再加工而得到，或者将旧的维度和度量进行组合，也可以转化出新标签，服务于特定业务场景。

威廉·法尔为我们展现了一种典型的标签加工方式。图4-6所示的是威廉·法尔所绘的海拔与霍乱死亡数的关系，从中可以看出，他对海拔做了以10英尺或20英尺（1英尺≈0.3米）为间隔的分类。利用这个分类，他给表的每个主键（区域名）都贴上一个海拔水平的标签。这个标签可以把海拔相似的区域聚合起来，做汇总统计。接下来，法尔对具有相似海拔的数据做了聚合统计，并获得了一个重大的发现：海拔越高，霍乱死亡数越少。

Mean Elevation of the Ground above the High-water Mark.		Mean Mortality from Cholera.		Calculated Series.
0	....	177	....	174
10	....	102	.....	99
30	......	65	.....	53
50	.....	34	.....	34
70	.....	27	.....	27
90	......	22	.....	22
100	....	17	....	20
350		7		6

图 4-6

威廉·法尔的朋友约翰·斯诺（John Snow）也是个擅长用标签加工源数据的天才。他是英国历史上的超级英雄，被认为徒手解决了伦敦的霍乱问题。他解决霍乱问题的方式并不是发起一场激烈的大战，而是实施一项"打标签"工程。图4-7和图4-8所示分别是斯诺和用于纪念他的抽水机。

图 4-7   图 4-8

斯诺首先试探性地给不同的街区做了编号，但是很快，他发现研究粒度过细了，不利于发现变量之间的联系。于是，斯诺突破性地给各街区的饮用水来源打了标签：不论具体采水地点，一概按照自来水的供应公司名做标注。

接下来，和法尔的处理一样，他也对各个标签做了汇总统计，并惊讶地发现，如果某个街区被标注为由 "the Southwark & Vauxhall" 和 "the Lambeth water" 这两家自来水公司供水，居民明显更容易感染霍乱。他找到这两家公司的水源地，发现越走海拔越低，最后找到了饱受污染的泰晤士河边。于是，斯诺要求政府赶快移除这两家公司所有供水处的取水手柄。这个事件被历史学家们视作伦敦霍乱的终点，而统计学家们则将其看作医疗统计的新起点。

法尔和斯诺的故事都很好地凸显了标签在数据整理中的价值。法尔的打标签方法是先对源数据进行规则匹配再加工，这很像我们今天在做分城市运营时，会写一套人均GDP或者人口规模的划分逻辑，让计算机自动进行逻辑判断，将待运营城市分成几组，比如，利用人均GDP区分出发达和欠发达地区，或按照人口规模区分出大、中、小型城市，这些不同的城市组往往有不同的用户特征，我们需要对其施加不同的策略以获得更好的效果。除了上述能直接通过数学变换得来的标签外，很多标签依赖人的定性理解。如今在做内容运营的时候，我们常会观看视频、阅读文章和听音乐，并有些主观地贴标签，将内容归类，以做内容生态理解。

4.4 应用场景

我们已经了解了数据采集和整理的基本过程，下面是一个日常工作中的例子，可以帮助我们更直观地了解实施各个步骤的必要性。

小福是某新闻资讯类 App 的运营人员，一天，她突发奇想，想看看站内最受欢迎的文章是哪篇。

数仓的 DWS 层有一张表 "fact_article_daily"，由 ODS 层的用户行为表和文章属性表聚合而成，如图 4-9 所示，小福觉得可以拿来一用。

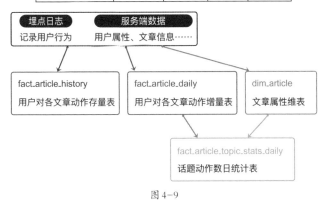

article-id	view	click	like	……
234029375782	103746	37821	8473	
583085728415	1837	21	13	……
……				
743829543628	2746	372	98	

埋点日志　　服务端数据
记录用户行为　用户属性、文章信息……

fact_article_history
用户对各文章动作存量表

fact_article_daily
用户对各文章动作增量表

dim_article
文章属性维表

fact_article_topic_stats_daily
话题动作数日统计表

图 4-9

该表的主键是 "article_id"（文章 ID），每一条记录都是对一篇文章所收到的用户行为做的聚合统计。在这张表中，有字段 "view" "click" "like"，分别记录着某篇文章的浏览数、点击数、点赞数。小福考虑到 "标题党" 的因素，担心浏览数和点击数都不能真实反映用户是否真的喜欢某篇文章，于是她决定用字段 "like" 来做统计。

刚要取数，小福想到一个问题，这张表是按天做统计的，可是一篇新闻稿往往会在几天内都获得点赞。如果只看一天的数据，就统计不到一些 "旧闻" 的峰值点赞数了，这样是不合理的。因此，不能用 "fact_article_daily" 这张增量表，而应该用 "fact_article_history" 这张存量表。在这张存量表中，取最新一天的数据分区，返回的结果将是各篇文章发表以来收获的所有用户的互动数据。

小福想研究的是最近的热门文章，因此在取数时，她将文章的创建日期（"create_date"）限制在2个月以内，然后将所有文章按照点赞数倒序排列，很快就得到了结果。

她发现，在热门文章中，有一大部分内容都与明星或娱乐八卦相关。小福开始思考，这样的站内氛围是否是好的？小福想知道，究竟是娱乐类的文章太多，还是这类文章虽然不多，但是特别容易获得热度？为了得到答案，小福需要利用其他标签——文章的类别。

小福找到文章属性维表"dim_article"，这张表以"article_id"为主键，记录着某篇文章的属性，比如作者、标题和字数等。其中一个重要的属性就是文章的主题，记录在"topic"字段名中。文章主题由机器识别，有娱乐、体育和财经等类别。

小福将"fact_article_daily"和"dim_article"这两张表做聚合，统计了各个类别下每日被读过的文章数，以及各类别文章获得的总曝光量、总点赞数。她发现，娱乐类文章虽然不是稿件量最多的，但是获得了最多的稿均曝光量和点赞数。小福看着这结果，觉得需要和同事们讨论一下，看看是否应该调整运营策略。

最后，她认为刚才所做的研究应该成为站内生态的日常监控行为。于是她请数仓部门的同事对"fact_article_daily"和"dim_article"的聚合表做了固化，这实际上生成了一张DM层的表，被命名为"fact_article_topic_stats_daily"。小福将这张表连接到可视化看板上，这下，她只需轻点手指，就可以对内容生态进行检阅了。这个看板成了她推敲新策略的工具。

在这个例子里，小福向我们展示了数据表的使用逻辑。日常数据工作中常听到的"取数""跑数""落表"，其实就是指将数据从表中提取出来、加工存储进去等工序。

数据采集和整理的基础知识就介绍到这里，在之后的章节中，为了论述清晰，我们只讨论数据处理的业务逻辑，不再会涉及过多的数据处理细节。

第5章

快速捕捉重点
——理解关键变量间的关系

刘慈欣在短篇小说《乡村教师》中做了一个这样的假设。如果你作为测试样本被外星人抓住，要在最短的时间内回答出他们的测试题，以证明地球文明达到了一定水平，否则整个地球都会被炸飞，你觉得你最需要掌握的知识是什么？相应的，如果你是外星人，你又会如何设计这种测试题，以评价星际生命的文明等级？

刘慈欣给的答案是，外星人给出的测试题一定会包含牛顿三大定律，因为这是对宇宙万物运动规律的最普适、最准确的抽象，能总结出这3条定律的文明，说明有抽象理解物理现象的能力。小说中，外星人对人类进行了随机采样，选中了一个小乡村的几个儿童做这个测试。这些儿童身处偏远地区、单纯懵懂，万幸的是，他们的老师在临终前让他们背会了牛顿三大定律。于是，这几个儿童代表人类通过了碳基联邦的文明等级测试，最终地球幸免于难。

生活不会像科幻小说一样险象环生，但我们也常常遇到这样的难题：如何用最小的成本获得最有效的信息，如何用最短的时间掌握一组事物的规律，如何用最精简的篇幅让他人认同某件事的重要性。商业世界争分夺秒，延迟和冗余的陈述意味着机会成本的耗散，于是，人们发明了"电梯说服术"（elevator pitch），这指的是在电梯上升的几十秒内说服你的同行者，是一种快速传达信息的技巧。快速传达信息，并不只是一种演讲与口才的艺术，更是一种对事物关联性的逻辑筛查技术。

一次完整的"电梯说服"常常是一次小型理论阐述。在最简单的意义上，一个理论可以只包含一个命题，即对两个变量间的关系进行陈述。

本书的前几章主要涉及怎么用量化语言描述变量，本章描述的重点将转移到变量间的关系上。我们将会讨论统计学中几个确定变量间关系的基本方法，包括假设检验、显著性判定、相关性衡量和回归分析。

5.1 假设检验和显著性判定

5.1.1 假设检验

将任意两个变量关联到一起，我们都可以提出一个命题。比如，我们可以说"火山是否喷发与人类修筑堤坝无关"。但这样的命题在未经证实之前都只是假设，要判断它们是否为真，首先需要收集数据，其次需要一套具有统计学意义的衡量标准。

地质学家可以考察火山喷发史和人类的堤坝修筑史，但是，要统计多少数据才合理？变量间要呈现什么样的关系，我们才可以认为假设为真？

为了回答这些问题，我们可以了解一个历史上经典的统计学故事。

统计学家费希尔（Fisher）曾经遇到过一位有趣的女士，她声称可以分辨一杯奶茶是先倒的奶还是先倒的茶。实验设计发烧友费希尔当然不会错过这个抬杠的机会，他设计了一套实验来测试这位女士是不是真的具备她所声称的能力。

费希尔先建立了一个原假设：这位女士在吹牛，她完全分辨不出倒奶和茶的顺序。

费希尔认为，在数量较少的几次实验中，她可能会蒙对，但是随着实验次数的增多，如果这位女士猜错的次数真的很少，那么她可能有真本事，自己应该推翻原假设。

那么，猜错的次数要多少才算少呢？费希尔设定的标准是：在所有的实验结果中，这位女士猜错的概率要低于5%。这个值后来被命名为"显著性水平"（α），人文社科领域基本沿袭了5%的标准，即原假设正确的概率低于5%时，我们就推翻它；自然科学领域有时会使用更低的显著性水平。

在原假设（"女士吹牛！"）成立的情况下，这位女士就是个普通人，只是对n杯奶茶进行完全随机的瞎猜，那么她猜对的次数和其对应的概率如图5-1上图所示。观测结果对应的可能性被称为P值，在这个实验中指的是女士全部猜对的概率，只有当P值小于显著性水平时，我们才认为原假设可以被推翻。

- 测试1次时，即只有一杯奶茶时，她有一半的概率猜对（$P=50\%$），故不能推翻原假设。

- 测试2次时，即有两杯奶茶时，她依然有25%的概率全部猜对（$P=25\%$），也不能推翻原假设。

- 直到测试到5杯奶茶，全部猜对的概率变成了3.13%，小于5%。这时只有女士全部猜对，费希尔才能够推翻原假设，相信女士没有吹牛。

● 而到了用8杯奶茶测试时，这位女士靠瞎蒙仅错1次或全部猜对的概率为3.13%+0.39%=3.52%，小于5%，我们也可以推翻原假设。

测试结果概率图如图5-1所示。

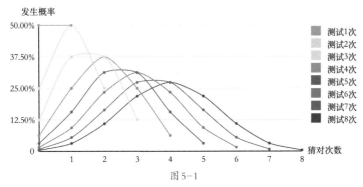

结果分布	0	1	2	3	4	5	6	7	8
测试1次	50.00%	50.00%							
测试2次	25.00%	50.00%	25.00%						
测试3次	12.50%	37.50%	37.50%	12.50%					
测试4次	6.25%	25.00%	37.50%	25.00%	6.25%				
测试5次	3.13%	15.63%	31.25%	31.25%	15.63%	3.13%			
测试6次	1.56%	9.38%	23.44%	31.25%	23.44%	9.38%	1.56%		
测试7次	0.78%	5.47%	16.41%	27.34%	27.34%	16.41%	5.47%	0.78%	
测试8次	0.39%	3.13%	10.94%	21.88%	27.34%	21.88%	10.94%	3.13%	0.39%

图 5-1

这个故事对统计学影响深远，现在的AB实验的设计思路和费希尔的"奶茶实验"如出一辙。

A组是普通人盲猜，B组是女士来猜，如果普通人能给出与女士相同的结果的概率很小，小于5%，那么我们认为A组和B组有显著差异，女士不是普通人！

从图5-1中我们还能发现，随着实验次数的增加，测试结果概率逐渐形成一条钟形曲线，当测试次数足够多时，它将会呈正态分布。无论单次实验的结果分布有多么奇怪，实验n次并对P求均值，其结果依然会呈正态分布，这就是"大数定律"。

在AB实验中，A组可以视作未受到任何干预的"实验前"状态，B组是受到了策略影响的"实验后"状态。

对A组进行n次实验后，将测量值汇总，其均值会呈现图5-2所示的正态分布，曲线以下的面积是100%；如果B组的实验均值与A组的差别很大，落入了黄色区域（面积为5%），即P值小于5%，我们则认为A组和B组有显著区别。

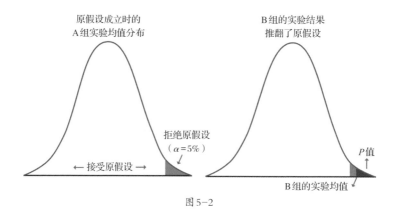

图 5-2

通过对正态分布的经验研究，统计学家们总结出了下面这个公式，用来描述测量值（样本均值）与原假设均值相比的偏离程度。

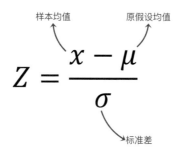

$$Z = \frac{x - \mu}{\sigma}$$

这里的 Z 值就是对偏离程度的度量，可以由 x、μ、σ 计算得出。当 Z 值大于 1.96 时，即测量值偏移原假设均值 1.96 个标准差以上时，P 值会小于 5%，这时我们在经验上认为差异是显著的。P 值和原假设均值的关系如图 5-2 所示。记住 1.96 这个数值，在下一章估计实验样本量时，我们还会用到。（注：为了简化叙述，这里只考虑单侧检验的情况，即认为女士的水平要么高于普通人，要么等于普通人，不考虑女士的水平低于普通人的情形。如果要排除所有的可能性，需要使用双侧检验。）

5.1.2　显著性

你可能有这样的经验，对于情绪稳定的朋友，你能很快掌握他们的性格特点；而对于情绪起伏比较大的朋友，你需要花更长时间才能摸清他做出反应的规律。

对于统计对象也是如此，如果发现样本和样本间的数据差异很大，即样本的标准差很大，我们就需要更多的样本，而对于标准差小的数据，实验的样本量也会相应减小。

这在下一章还会提到。

值得注意的是，差异"显著"和差异"大"是有区别的。这就好比，在一群情绪稳定的人当中，你稍微发点儿脾气可能就"显著"异于其他人了；但在一群情绪起伏不定的人当中，即使你突然发了通"大"火，可能也并不"显著"。用统计学的语言来表达：当样本量足够大而数据的标准差较小时，一个细微的指标提升很可能也会在统计学上被判定为"显著"。同理，一个观察者觉得"大"很多的提升幅度，在样本量很小、数据波动很大的情况下，也有可能不"显著"。

这段表述暗含了确定 P 值的充要条件：在实验中，为了得到 P 值，我们必须知道样本的标准差、均值、差异值，而样本的标准差又会受到指标性质和样本量的影响。

以上就是假设检验和 AB 实验的基本原理。如今，这些实验中涉及的所有计算步骤都能够被彻底自动化。计算机会直接告诉我们实验结果及是否有显著差异。即便如此，充分理解计算原理能够帮助我们做出更好的数据解读和方案判断。

5.2 相关性衡量

相信通过前面的内容你已经能感受到，统计学可以帮助我们树立一种信心，告诉我们可以在多大程度上相信自己的观察和感觉。

相关性系数也能够给我们这样的信心，它能将多角度的观测值串联在一起，对于筛选核心因子、完成模式识别、进行指标预判至关重要，是描述性统计走向预测性统计的开端。

1. 皮尔森相关系数

衡量相关性的方式有很多，较为通用的是皮尔森相关系数。很多书只给出了计算皮尔森相关系数的公式，而没有推导过程。但其实，通过理解这个公式，我们能充分感受到统计学家是如何思考的。在推导皮尔森相关系数的过程中，我们将看到定性判断是如何转化成定量描述的，学习如何消解事物的特殊性而剥离出普适关系，并从中收获启迪。

假设我们走在河堤上，观察到水面有一艘小船，水底沉着石块。在河水的涨落过程中，我们做了3次观察，见表5-1。

表5-1　河水涨落过程中的观察情况　　　　　　　　　　单位：米

	水高 （水平面高度） X	船高 （甲板到河底的距离） Y	石高 （石块顶部到河底的距离） Z
观测1	3	5	1
观测2	4	6	1
观测3	5	7	1

通过常识我们可以知道，船高是完全依赖水的涨落而变化的，两者有很强的相关性；石块则不论潮涨潮落，都岿然不动，两者没有相关性。

可是，怎么用数学语言来描述相关性呢？我们可以在没有常识的情况下发现潜在的相关性吗？

对此，统计学家卡尔·皮尔森（Karl Pearson）发明了协方差的概念。

皮尔森试图找到这样一种指标：当多次观察两个变量时，如果两者的变化方向基本相同，该指标就显示正值；当两者的变化方向基本相反时，该指标就是负值。

依照表5-1，我们具体分析水高（X）和船高（Y）这两个变量的关系。3次观察后，这两个变量的均值分别为$\overline{X}=4$和$\overline{Y}=6$。我们发现，对于每一次观察，如果水高高于它的均值时（$X_n-\overline{X}>0$），船高也会高于它的均值（$Y_n-\overline{Y}>0$），水高与船高同其均值之差的乘积就会大于0。

$$(X_1-\overline{X})(Y_1-\overline{Y})=(3-4)\times(5-6)=1$$
$$(X_2-\overline{X})(Y_2-\overline{Y})=(4-4)\times(6-6)=0$$
$$(X_3-\overline{X})(Y_3-\overline{Y})=(5-4)\times(7-6)=1$$

如上，假设我们又做了多次观察，发现在大部分情况下，水高与船高同其均值之差的乘积都大于0，则可认为水高与船高的变化大致是同向的。

皮尔斯计算这些乘积的均值，并将均值命名为协方差（公式如下），它表示的是两个变量在变化中的总体误差，当只做了3次观测时，水高和船高的协方差约为0.66。

$$\mathrm{Cov}(X,Y)=\frac{\sum(X-\overline{X})(Y-\overline{Y})}{n}=\frac{1+0+1}{3}\approx0.66$$

0.66是一个正数，说明两者变化的方向一致。同理我们也可以计算出，水高和石高的协方差为0，这说明两者毫不相关。

但协方差并不完全等同于相关性，因为皮尔森还发现，将本身波动幅度更大的事物代入公式，容易得到更大的协方差。比如如果有一个神秘物体，水面每升高1米，它都会升高2米，则它的协方差会是1.33，比水高和船高的相关性更强。皮尔森认为，这两种情况下的相关性应该是一样的，于是他把各个变量本来的波动幅度也考虑在内，以抵消掉事物本身的波动给协方差带来的影响。这是他最后定稿的相关性公式：

$$r = \frac{\sum (x - \bar{x})(y - \bar{y})}{\sqrt{\sum (x - \bar{x})^2 \sum (y - \bar{y})^2}}$$

这个公式的分子是协方差公式，分母是两个变量标准差的乘积。

通过这样的变换，神秘物体和水、船与水在高度上的相关性就都是1了。事实上，没有两个变量的协方差会超过它们中任一变量自身的波动，所以上述公式的取值必然为[−1，1]。−1表示完全负相关，1表示完全正相关，0表示无关。

两个事物间的相关性越接近−1或1，则意味着可能有越强的联系存在，其中隐藏着发现新命题的机会。经验上，我们认为皮尔森相关系数的绝对值如果在0.5以上，则为强相关；绝对值为0.3~0.5，则为中度相关；绝对值为0.1~0.3，则为弱相关。

2. 斯皮尔曼相关系数

斯皮尔曼相关系数可以视作皮尔森相关系数的一种变体。

假如你想了解一个国家的GDP和人口数量是否有相关性，但是你手上没有各国的详细数据，只找到了GDP和人口规模的多国排行榜，这时你可以直接对排名求皮尔森相关系数。

这也是心理学家查尔斯·爱德华·斯皮尔曼（Charles Edward Spearman）常用的数据处理方式。在理解人的心理特征时，他往往只在乎两个变量之间是否单调递增，而不在乎且难以精确刻画变化幅度。面对两个变量，斯皮尔曼会先分别对它们进行排序，然后再用皮尔森相关系数来计算，研究排序之间是否蕴含某种联系。

斯皮尔曼相关系数的关注重点和皮尔森相关系数有所差异。比如，面对下面这3组变量——A和B线性递增，但斜率不同，C按幂律递增，皮尔森相关系数会认为A和C之间的相关性要弱于A和B，而斯皮尔曼相关系数会忽略它们在增长加速度上的差异，图5-3所示为这3组变量及其相关性。在实际应用中，我们可以根据具体的情景来选择合适的公式。当样本的值悬殊，而我们又更关注样本的排序和等级关系时，斯皮尔曼相关系数会被更广泛地使用，比如判断各国的GDP总量排名和国民受教育水平排名的关系时。

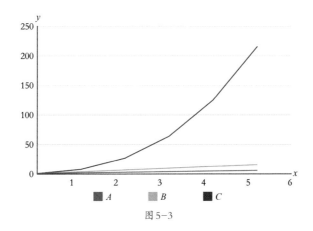

图 5-3

除了上述例子中的数值型变量，生活中我们还会碰到类似性别、肤色和职业等无法直接做加减法的定类变量、名义变量。其实，要知道它们的相关性也很容易，只需将不同类别转化成相应的数字，再带入相关系数的计算公式即可。

5.3 回归分析

人脑有联想的本能，我们在看到实物A和B总是成对出现时，会自然对其做一种模式识别。这种模式识别使我们在只看到A出现时，会自动联想到B，并预判B的出现。所谓回归分析，就是把类似的过程量化。在认可两个事物有相关性之后，人们会自然而然地想到，回归分析可以用来做预测。

如果能找到一个模型来描述A和B的数量关系，我们可以将A的观测值带入模型，借助它预测出B的观测值的走势，这就是做回归分析的目的。

回归这个词其实有点难理解，好像和上述描述并不是一回事。这完全是因为人们懒惰地沿用了统计学家佛朗西斯·高尔顿（Francis Galton）对一个遗传现象的表述。他发现高个子父母的子女会倾向于"变矮"，而矮个子父母的子女会倾向于"变高"，存在"回归到平均"的现象。后来，"回归"这个词的含义虽然发生了很大的变化，但作为约定俗成的术语依然被使用。

回归分析最早被用于优生学。在动植物的繁衍过程中，如果养殖者发现一些变量与生物体的健康度、好看度相关，就会利用这些变量做选育。可以说，回归分析是操纵未来的抓手。

线性回归和逻辑回归是多种回归方程中比较基础的两类，如图5-4所示。

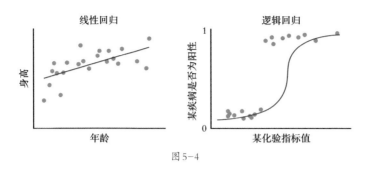

图 5-4

线性回归更多用于处理数值型的变量。我们在中学时代学过一个简单的线性回归模型：利用最小二乘法找到一条直线，使分布图中所有的点到直线的距离的和最小。这实际上是通过确定斜率和截距来得到一个一元一次函数（$y = kx + b$），用以概括性地描述自变量和因变量的变化关系。

逻辑回归其实是一种广义的线性回归，更多用于二分类、概率性的场景。有时我们需要对名义变量做二分类，比如疾病的阴阳性、用户的性别等，此时，逻辑回归可以帮我们达到这个目的。

下方函数能确保对于所有因变量z，预测值y都为0~1，而0或1可以象征进入哪个分类。当我们输入新的观测值z，通过公式得到的y值越接近于1或者0，分类的确定性越高。比如，白细胞的含量和某种疾病相关，那么我们可以创建一个逻辑回归函数，用z指代检测到的白细胞含量。白细胞含量越高，得到的y值就越接近于1，该疾病为阳性的概率就越大；白细胞含量越低，得到的y值就越接近于0，该疾病为阴性的概率就越大。通过这个公式设计相应算法，我们就可以快速完成对该疾病的筛查。

$$y = \frac{1}{1 + e^{-z}}$$

这两类回归模型看似简单但用处很大，既可以被各个领域直接使用，也可以出现在复杂模型的基础构造单元中。在人工智能的世界里，这些模型被折叠和组合，并被塞进几乎所有的模型中，构建出精巧的算法，实现对繁多变量的通盘考虑，展现出了更强的预测效力。

回归模型的具体参数早已能够由计算机自动给出，不过我们依然要对计算机的参数选择保持警惕。

即使是两个完全不相干的变量，比如"各国电视台数"和"各国平均气温"，只要我们命令计算机产出一个线性回归模型，它总能强行给出一条拟合曲线；只要我们把这条曲线放到逻辑回归模型里，计算机就能够通过判断电视台数的变化来预测是否降温。为了避免犯这类愚蠢的错误，将数据代入模型前，我们需要对变量做相关性检验，预判变量间的逻辑关系是否成立。

数据可视化也是避免犯低级错误的方法，比如通过图5-5所示的数据点和两类拟合的趋势线，我们会直观看到选择一元二次方程［$h(x)$］比选择一元一次方程［$g(x)$］合理得多。

以上这些统计学技巧可以视作数据分析的"元方法"，无处不在地影响着我们今天的生活。掌握这些基本技巧，我们就能在短时间内抓取

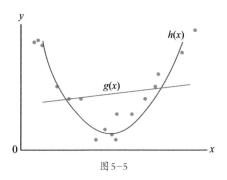

图 5-5

事件和问题的概要，迅速进入解题状态。在刘慈欣的笔下，《乡村教师》里的小朋友用简短的牛顿三大定律证明了人类的文明程度，与之类似，在实际运用统计学的"说服术"时，我们也会跳过大段推导过程，而只是精炼地用"显著""正相关"等词语快速传达信息。这些高度概括"元方法"的名词会频频出现在之后的章节中，也会在不同的领域中与我们相遇。

第6章

产品人最好的朋友
——AB实验操作手册

试想这个问题：如果同盟国没有在第二次世界大战中取得胜利，法西斯实现了其瓜分世界的野心，世界会变成什么样？相信很多人都提出过这样的假设，科幻小说家菲利普·迪克（Philip K. Dick）也是其中之一，他将这个假设向下推演直到构筑起了一个平行世界，这便是著名科幻小说《高堡奇人》。该小说详细地描绘了在假想世界中，日本和德国瓜分美国后形成的奇特社会风貌。虽然这是小说家虚构的，但谁能断言不存在这么一个平行世界呢？

如果确有无数个平行世界存在，历史学家们不再会对某些事件或人物的历史意义争论不休了，他们只需要探访没有某个历史事件或某个伟人存在的时空，就可以很快找到问题的答案。

AB实验就是人为塑造的一对"平行时空"，旨在回答一个问题：如果没有某个策略，我们的产品会变成什么样？

AB实验并不是一种新鲜事物，"AB实验"是信息时代的新叫法，它的传统名字叫作"控制（变量）实验"。

第一个有记载的控制实验非常有名，由英国医生詹姆斯·林德（James Lind）记载于1753年，实验内容是通过控制变量来研究水手们为何会得坏血病。林德让患上坏血病的船员们吃几乎一样的食物，唯一不同的是有些人每天吃一些柑橘和柠檬，有些人喝醋，有些人喝海水，等等。最终，吃水果的两人好转，其他人病情依旧。于是，林德得出结论，新鲜水果里的某种物质可以让人免于患上坏血病。

把林德所做的事抽象出来，就是AB实验的基本步骤了。

（1）将待测用户随机分成至少两组，一组是对照组，其余是实验组。每个实验组都带着有且仅有一个与对照组不同的变量。

（2）实验开始一段时间后，对比组间差异，我们就可以知道应用于实验组的策略是正向的还是负向的，以及它的影响力大小。

AB实验的实施思路接近"未知数代入法"，我们用正向推理法无法解开一道题时，可以将最有可能的几个答案代入题目的未知数中，看看是否行得通。

控制实验的原理非常简单，几乎就是人的逻辑本能。相信人类已经对生活的方方面面做过难以计数的控制实验了。

AB实验如此简单好用，但是为何在产业界，几乎只有互联网公司才这么广泛地应用它？事实上，AB实验在传统行业的历史更加悠久，但受限于产品特性，开展AB实验需要较高的成本。

首先，互联网产品的主要构成是"信息"，因此对互联网产品做AB实验（AB实验原理如图6-1所示）的时候，要使用差异的策略只需对客户端或者服务端进行不同的配置。这不涉及任何硬件上的改动，信息复制分发的成本非常低。相较之下，汽车工业在做车体设计决策时，就无法做到真的同时开发多条流水线，将每一种可能性都拿出来供驾驶者尝试。

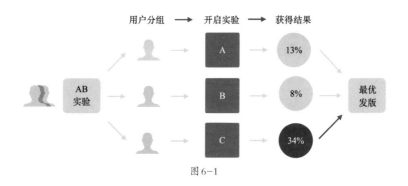

图6-1

其次，互联网产品的用户量巨大，可以同时满足大量AB实验对样本量的需求，即使是小的互联网公司也比同规模传统企业的用户量大，因此大部分上线决策都可以依赖AB实验得出，而这对传统行业而言是一种奢侈。因此，传统行业的提前设计环节（工业设计）是非常重要的，设计师利用专业知识和经验帮助企业进行事前决策，而不是事后测试，从而大大降低犯错成本。

接下来，我们从数据分析的角度出发，了解一下AB实验的3个环节：实验准备（包括设计实验样式和计算样本量）、开始实验、回收实验。理解这3个环节后，我们会充分感受到AB实验的精妙。最后我们还会对AB实验进行一些反思。

6.1 实验准备

6.1.1 设计实验

"耳哆"是一款主打知识分享的音频App。音频App的一大特点就是后台播放的占比很高,用户经常一边做别的事一边把音频当作背景音乐。这就导致了音频App保持在前台的时间不长,用户互动少,活跃度低,商业化变现受到一定影响。因此,"耳哆"的开发团队一直想提升其前台占用时长。

最近,大家打算对产品做一次用户界面(User Interface,UI)大改版,主要目的是强化App的社交属性,调动用户的互动热情,以此提升前台占用时长、增强平台黏性,同时降低新音频节目的推广门槛。

改版UI首先要做的是重新推敲一番所有互动入口的样式,设计师小旮和数据分析师小格都参与其中。

改版UI涉及的其中一个页面是"他人主页"。在当前状态下,当用户访问他人主页时,会看到右上角有一个小小的"信封"图标,点击后可以进入私信聊天页面。设计师小旮觉得这个"信封"图标表意模糊,可能会被当作系统消息,于是设计了两种替换样式,一种是直接展示"私信"二字,另一种是使用"对话"图标,如图6-2所示。

图 6-2

相信所有的产品人都面临过这个经典的两难问题:在设计Logo或重要入口的时候,

究竟是用图标好还是用文字好？

图标美观简洁、文字表意清晰，似乎各有千秋。如果要对这个问题做定性推理，由于涉及美学、心理学、语言学、社会行为学，即使写一篇万字长文，也不一定能得出一个确凿的结论。在这种情况下，AB实验就是屡试不爽的法宝了，它能助人决断，找出最适合当下的方案。

设计师小旮既想改变入口样式，还想将私信入口从右上角移到左上角。但因为实验组和对照组之间只能有一个变量，否则无法对数据涨跌做清晰归因，于是数据分析师小格设计的首个实验只考虑样式改版这一个变量，具体组别如下。

- 对照组：线上样式，入口为图标——"信封"。
- 实验组1：入口为文案——"私信"。
- 实验组2：入口为图标——"对话"。

在设计实验的时候，还需要明确实验的目标和数据预期。因此，小格在实验设计文档中注明：实验目标是提升私信渗透率，并进一步提升用户的互动活跃度以及站内留存率。

6.1.2　计算样本量

实验条件和实验目标确定下来了，接下来就该考虑选多少待测用户来体验新策略了。

林德做坏血病研究时，各实验组只有两名水手。严格来说，这样的实验并不具备统计效力，因为如果有特别健壮或者不服从命令的水手存在，研究者很容易被干扰变量蒙骗，从而得出错误结论。庆幸的是，历史没有戏弄林德。但在日常工作中，我们不该寄希望于运气，为了防止意外状况和未知因素的干扰，实验需要大量样本。

样本量越大，实验结果就越准确。对于很多日活跃用户数不高的产品，其开发人员会习惯性地将整个流量池对半切，分别用作实验组和对照组。这样操作虽然简便，但是有两个明显的缺点：首先，如果新策略是负面的，会有足足一半的用户受到不良影响；其次，这样操作限制了同时实验的策略数量，导致策略迭代的速度变慢、机会成本变高。因此，我们要节省资源，尽可能地选择最小的但足够大的样本量。

怎么确定合理的样本量呢？下面请回忆费希尔所做的实验（见第5章），我们以此为基础来进行分析。

费希尔在实验进行之后，获得了一些观测数据，即样本量（n）、标准差（σ）、实验后的样本均值（X）、原假设均值（μ），这些变量都是已知量。

依赖这些已知量，为了判断出"原假设（'女士吹牛！'）是否可以被推翻"，需要求出未知量 Z 的大小。

让我们再来复习一下这个公式，将以上变量的数值代入公式，如果得到的 Z 值大于临界值 1.96，则原假设可以被推翻。（注：这里的公式虽然没有直接引用样本量 n，但是得出标准差 σ 的隐含条件是知道 n，这会在后面的章节中解释。）

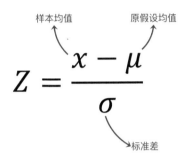

$$Z = \frac{x - \mu}{\sigma}$$

样本均值　原假设均值　标准差

在进行实验之前，因为要估计原假设可被推翻时的最小样本量，样本量成了未知量，Z 值成了已知量。费希尔的实验和 AB 实验的已知量和未知量对比如表 6-1 所示。

表6-1　费希尔的实验和 AB 实验的已知量和未知量对比

	"女士饮茶"故事	AB 实验
目标	判断是否可以推翻原假设	判断实验策略是否真的提升了私信渗透率
样本量	已知	未知
标准差	已知	已知
组间差异（样本均值－原假设均值）	已知	已知
原假设是否被推翻	未知	已知

两个场景中变量间的关系都可用上述公式描述。接下来，小格将一一确定已知量，然后将具体数值带入公式，计算未知量 n。

（1）确定组间差异（$x-\mu$）。组间差异实际上反映实验者对于实验灵敏度的期待，一般人为设定：因为这个实验的目标是提升私信渗透率，所以组间差异的值就是实验组和对照组的私信渗透率的差值。在这个场景中，小格认为，如果私信渗透率的提升幅度能达到0.5%，这个差异就应该被检测出来；但如果提升幅度小于0.5%，即使在统计学上差异显著，但这个变化很细微，没有实际意义。因此小格将组间差异（$x-\mu$）的值设定成0.5%。实际操作中，如果追求极高的实验灵敏度，那么组间差异的值甚至可以被设成0.1%，但是需要的样本量就会更大。

在此场景中，对照组的私信渗透率就是当前线上的私信渗透率8%，小格将组间差异的值确定为0.5%，这意味着，实验结果回收后，实验组的私信渗透率至少要提升到8.5%，这种策略才可以被认为有效果。

（2）计算标准差（σ）。实验涉及的变量可以分为比例型变量（比如留存率、渗透率、转化率）和非比例型变量（比如人均动作数、时长）两类。非比例型变量的标准差求法相信读者已经很熟悉，即所有数减去其均值的平方和除以个数，再对所得值开方，所得之数就是这组数据的标准差；比例型变量的标准差，既可以用相同方法计算得到，也可以由如下公式求得。

$$\sigma = \sqrt{[np(1-p)]}$$

这个公式又称伯努利实验的标准差计算公式，其中p为实验指标（某件事发生的概率），n为样本量。因为渗透率更便于计算，所以在实际操作中被更普遍地使用。在这个实验中，p就是私信渗透率——8%。

（3）确定Z值范围。如果组间差异能推翻原假设，则Z值需要大于3个标准差。根据经验法则（又叫3-sigma法则或者68-95-99.7原则，统计学家们归纳出，在正态分布中，当Z值大于3个标准差时，Z值大于等于1.96），Z值≥1.96。

将$x-\mu$、σ、Z值代入公式，得到$n=11309$，这就是实验组所需的样本量。

已知"耳哆"的日活跃用户数是10万人，样本量占用户数的比例是11309/100000≈1.13%。

新的问题来了，应该直接选取每组1.13%的流量进行实验吗？

答案是否定的，这里还漏掉了一个重要的条件：他人主页的渗透率。

因为当前的改版实验发生在他人主页，只有来到他人主页的用户才会受到新策略的影响。而每天使用"耳哆"的用户中只有一小部分会进入他人主页。如果小格只选取每组2%的流量，实际能感受到这个策略的用户数量会大打折扣。所以，考虑到他人主页的渗透率是20%，实际进组人数计算如下：

实际进组人数＝样本量/策略展现渗透率＝11309/20%＝56545

实验流量＝实际进组人数/日活数×100%＝56545/100000×100%≈5.7%

5.7%才是最终结果,因为有3个实验组,所以一共需要随机使17.1%的用户进入实验,再将他们均分为3组,如图6-3所示。

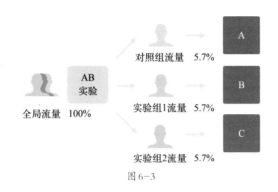

对照组流量　5.7%

AB
实验

全局流量　100%

实验组1流量　5.7%

实验组2流量　5.7%

图 6-3

以上就是小格对这个实验的流量计算过程。

值得注意的是,很多策略虽然能带来某个功能的收益,但是会降低整个App的留存率,而留存率是整个App的核心指标。因此,在实操时,为了防止某功能渗透率提升而App留存率下降的情况发生,很多分析师会用留存指标计算组间差异,即用留存数据替代上述的私信渗透率来计算样本量。同时,很多人对于实验灵敏度的选择也会更谨慎,希望留存率的组间差异达到0.1%就能够被判定为显著,以防止负向实验对用户的干扰,这样计算出来的样本量往往会大得多。

小格将实验方案和实验参数提交给了工程部门,工程师们完成待测策略的代码后,就可以按照实验设计开始实验了。

6.2 开始实验

在早期的互联网世界,因为AB实验的验证过程烦琐,所以它并不是产品开发的必备流程。

谷歌公司的第一个AB实验运行于2000年,是关于搜索结果页样式的实验,不幸遇上了线上事故而宣告失败。

如今,大型互联网公司每年的AB实验量可达上万个,实验成了产品上线的基本流程之一。各个公司通常都会研发各自的AB实验自动化系统,以实施用户过滤、随机分流、施加变量和数据观察等实验步骤。

AB实验系统的架构如图6-4所示。

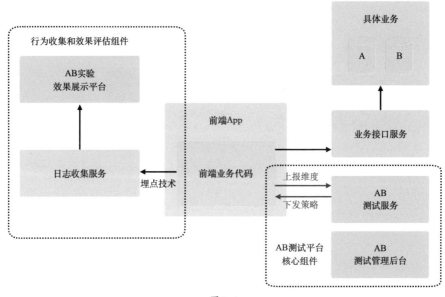

图6-4

实验开始前，数据分析师和产品团队的其他成员需要做一些准备工作。

1. 配置参数和请求参数

配置参数用于描述和控制实验策略。以本章的故事为例，配置参数就是私信入口的样式，工程师将其命名为"button_design"，有"envelope""text""chat bubble"3个取值，分别对应"信封"图标、"私信"文案、"对话"图标。

请求参数是从用户那儿取得的属性信息，包括用户或设备ID、地理位置等，系统会将它们与实验要求的过滤条件做匹配，匹配成功后，向分流服务发出请求。比如，若实验的过滤条件要求"只针对北京地区的用户下发"，则非北京地区的设备就会被过滤，无法进入实验。

2. 实验层

实验层是一个很重要的概念，它成倍地增加了同时进行的实验的数量的上限，极大地加速了策略迭代。它的实现原理其实很简单，就是允许一个用户同时进入多个彼此不冲突的实验层。

举个例子，当小格和小旮尝试改动私信入口的样式时，其他产品经理还想改动登录页和通知页。这两个页面由于进入的路径较长，因此所需样本量更大，各需要60%的流量。现在，把这3个实验所需的流量相加，总和远远超过了100%。没有这么多流量怎么办？这时，我们就可以将3个实验放在不同的实验层进行。

由于这些改动并不在相同页面中，配置上没有冲突，因此可以允许用户同时进入上述3个实验层。以图6-5为例，现在总共有3个实验层，用户在每一层都会碰上某一个实验，并随机进入该实验的对照组或者实验组。

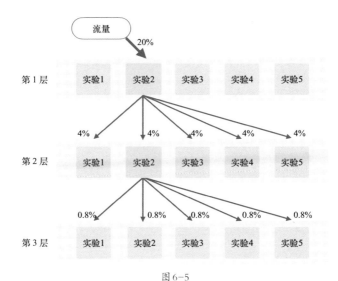

图 6-5

每一个实验层都独自占有100%的流量，可同时承载多个实验。各层之间的流量是正交的。正交是指参与第1层的某实验的用户，有同等的概率参与第2层的任意实验，各实验层的策略对用户的影响力是均等的。

我们也会遇到一些情况，两个实验之间有逻辑冲突，同一个用户只能看到其中一个实验，否则会产生疑惑或者体验跳变。这类有配置冲突的实验必须开在同一实验层。比如，如果在当前实验进行时，还要同时尝试将私信入口移至左上角，那用户只能看到两个实验中的一个，否则配置会混乱，实验结果会相互影响。

6.3 回收实验

AB实验系统通常配有指标看板。实验开始后，系统会对各实验组的用户进行每日统计。AB实验指标看板的设计往往与该产品的核心指标体系相对应，数据分析师会依次对比实验组和对照组，观察各项重要指标是否呈现出显著差异。

实验开始后一天，小格观察到实验组的私信渗透率明显上升，但他没有立刻把这个"好消息"分享给设计师小旮，因为他知道，用户发现入口样式变化后，总是会好奇地点击一下，这会使得刚上线的新功能在短时间内有较高的渗透率。

实验开始一周后，小格观察到实验组的私信渗透率经过小幅下跌，进入了水平波动期，其他指标也进入了"平缓期"，这个时候才可以开始回收数据。

小格需要依次检查决策指标和护栏指标。

决策指标是这个实验要提升的主要指标，即私信渗透率这个局部指标及App整体的核心指标。

护栏指标是指其他重要性偏低，但可能受到不良置换的功能指标，比如私信渗透率的提升不应该带来站内评论率的下降，则站内评论率可被认为是这个实验的护栏指标。在实际应用中，护栏指标的选择可以多样化，其核心思想是防止某模块的策略过于激进而影响其他模块。

即使在"平缓期"，两个实验组的私信渗透率也显著高于对照组，这证明当前策略是有收益的。接下来，小格依次查看了留存率、时长、核心动作率、分页面渗透率等指标，没有发现显著下跌。

此外，考虑到"他人主页"的很多功能的渗透率尚未配置到AB实验指标看板上，即便有问题也无法立刻发现。所以，谨慎的小格通过手动取数方式确认了一下"他人主页"的其他功能是否被干扰。综合看来，新策略没有造成明显的负向体验问题。

小格已经观察到，两个实验组的私信渗透率都显著高于对照组。那么还剩下最后一个问题：两个实验组之间对比，"私信"文案组和"对话"图标组究竟哪个更好？

就当前而言，"私信"文案组的渗透率比"对话"图标组还要高出一截，这是否能立刻说明"私信"文案组更好？

通常而言，是的，但有时需要对原假设进行二次检验。虽然在设计实验时，计算过推翻原假设所需的样本量，但如果发现实验后的组间差异小得低于预期，则需要再次确认结论是否统计显著。

让我们用林德的实验更形象地解释这个情况：林德的实验样本量虽小，但它依然能够比较出喝海水、吃柑橘和柠檬等的差别，因为这些因素造成的组间差异足够大；可如果要比较吃柑橘和吃柠檬的差异，他的实验就难以给出具备显著性的答案了。日常工作中的AB实验也是如此，对照组与实验组比较时，策略往往是从无到有的，差别很大，如同喝海水、吃柑橘和柠檬；而实验组与实验组比较时，策略差异通常较小，如同吃柑橘和吃柠檬，需要我们更谨慎地对比。

小格观察到两个实验组间存在差异，但并不显著，于是怀疑样本量不够，导致测出来的变化较小。这时，常见的做法就是放大实验流量，拉更多用户进行实验，观察指标差异是否能显著呈现。经过几天的放大实验流量观察后，"私信"文案组很快显著优于"对话"图标组了，本次实验的优胜者终于产生了。

案例延伸

第二类错误

值得注意的是，放大实验流量的做法时而奏效，时而不奏效。

在设计实验的时候，一般着重避免第一类错误：把无效的策略错当有效的，即在原假设正确的时候推翻了它，又称为弃真错误或假阳性错误。放大实验流量，实际上是在消除第二类错误，即把有效的策略错当无效的。

图6-6所示的概率分布图展示了两类错误发生的可能性。左边蓝色的区域是对照组的均值分布情况，右边红色的区域是实验组的均值分布情况。

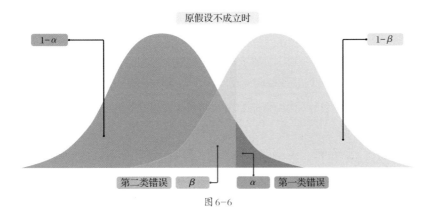

图 6-6

我们一般更不能容忍第一类错误的发生，即无中生有地认为实验策略有效，所以往往会对它进行严格限定，即发生的概率不能超过 α（α 是红色面积占蓝色面积的比例，通常认为该比例小于5%时统计显著）。我们对于第二类错误的容忍度高一些，如果有效的策略被判定为无效，其危害相对较小。因此，在设计实验时，我们一般不太考虑第二类错误。即使考虑，为了减小样本量，对于第二类错误发生的概率也更为宽容，也就是 β 不要超过20%（β 是黄色面积占绿色面积的比例）。少数数据分析师会在设计实验时同时考虑两类错误，大多数数据分析师则会用第一类错误确定初始流量，而在放大实验流量时考虑第二类错误。但当实际并未发生第二类错误时，放大实验流量的做法就无济于事了。

此外，我们还需提醒自己，不要为了追求实验结论显著而无限制地放大实验流量。毕竟从理论上来讲，如果样本量趋于无穷，是必然能观察到显著性的。但是那个时候的显著性还有意义吗？通过放大实验流量强行证明微弱的差异是显著的，其意义可能只停留在报告上。所以，当实验流量放大到一定程度时，我们可以推算一下实验组间的差异如果放大到全体DAU（日活跃用户），能够影响多少人。假设DAU是1000万人，实验组间的渗透率的绝对差异是0.01%，则一个功能上线，大概会让1000人使用到它，如果这个用户量级对于App的意义并不大，就不必继续放大实验流量了。

6.4 关于AB实验的反思

AB实验是互联网从业者的好朋友。人们依赖这种方法，相信它最为"民主科学"。但是，"万事皆AB"可能会把人带往误区。

1. AB实验可能助长只追求局部最优的迭代

假设一个App要从搞笑社区向泛知识社区转型。若把搞笑社区和泛知识社区比作两座山峰，理想状态下，泛知识社区的海拔更高，能够带来更广泛的用户群体和更好的社会效益。但是，要前往泛知识社区这座山峰，需要先从搞笑社区这座山峰上下来。下山意味着，App在转型过程中，原有更青睐搞笑社区的早期用户会在一定程度上流失，短时间内出现负向指标（比如留存率下降），长期坚持才能有正向收益，但如果只遵从实验结果，可能会导致在一开始就放弃转型。这个下山再上山的过程，需要战略眼光，是AB实验的价值观所覆盖不了的。

2. AB实验有时还会成为策略懒惰者的温床

AB实验的方法论有点像用代入法做选择题，并不要求答题者有很好的解题思路，答题者只需要将一堆选项试一遍，挑一个最好的选项即可。我们不应该让自动化的实验平台成为我们不求甚解的理由。其实，林德就为这种不求甚解付出了代价。因为技术条件的限制，林德的实验结论只建立了一种粗糙的相关关系——吃酸性水果可以让人免于患上坏血病，但他没有探究真正的原因。到了19世纪末，坏血病在航海者中几乎绝迹，却又在南极科考队中出现。原来，当时的人们不知道是维生素C这种关键物质起了作用，而只知道吃酸性食物可以预防坏血病。于是，探险队用便宜的印度酸橙代替柑橘、柠檬，或者饮用加热过的柠檬汁。殊不知，维生素C在印度酸橙中的含量不高，在加热时也容易被破坏。对于真正机理的忽视，使得多支南极科考队饱受坏血病的侵扰。

日常工作中的AB实验也是如此，我们应该充分理解实验组之间出现差异的机理，尝试找到逻辑链并做出因果推断，而不是不加反思地进行下一个实验。比如说，AB实验可以告诉我们，如果提高某类商品在首页的曝光率，用户的成交量会下降，这个结论虽然明确，但我们并不知道造成这个现象的原因是什么，是市场对这类商品的需求量少，还是这类商品的质量不佳或营销活动不吸引人？或是商品的推荐不精准？这个逻辑归因虽然难做，但是一旦做出更准确的因果推断，就可以为未来的策略迭代节省大量的时间。

如今的绝大多数技术手段依然让我们停留在因果推断的"关联"阶段。我们应该时刻提醒自己："我比数据更聪明。"每完成一个AB实验，我们都应该思考一下这个实验是否可以带领我们登上因果推断的新台阶，考察我们是否可以建立一个正确的预测未来的条件从句，即"依照这个因果，假如我们做了什么事，会得到一个什么样的结果"。这个条件从句往往需要多个实验相互比对，或者进行更详细的数据分析。对这个条件从句的提炼能力是职场"小白"和专业人士之间的一个很大的分水岭。

第7章

不要被表象蒙骗
——AB实验"避坑"指南

在史坦尼斯劳·Y.莱姆（Stanislaw Lem）的科幻小说《索拉里斯星》里，一代又一代的人类科学家飞往被海水覆盖的索拉里斯星对它进行研究。经过漫长的实体勘探、射电研究，科学家们发现索拉里斯星其实并不仅仅是一颗被海水包裹的星球，而是一个生命体，具有智慧，甚至能够反过来观察人类。这颗星球先是复制出一些地球上的动植物形体来试探人类，然后这种复制能力越来越高级。每一个科学家都在这颗星球上遇到了死去的亲人，或是其他令他们感到刻骨铭心，甚至不堪回首的形象。科学家们首先感到困惑和恐惧，接着发现，这些凭空出现的"访客"其实是索拉里斯星在研究和破译了人类的记忆后，用特殊粒子复制出来的。这些"访客"难以用物理方式彻底驱逐，在与科学家们纠缠的过程中，他们甚至变得越来越精明。

人类科学家也没有彻底放弃反抗，他们破解"访客"的粒子结构、钻研索拉里斯星读取人类记忆的方式，终于也升级了研究工具，开始用人类的脑电波刺激索拉里斯星，并设计了中微子磁场干扰器，想要逐渐揭开索拉里斯星的真相。

索拉里斯星的复制能力，就像是逗弄和观察外来者的一种工具。这种工具在一开始尚显粗糙，但经过和观察对象的互动，变得越来越精巧。人类的研究工具也在类似的互动中发生了飞跃式的进化。其实所有的研究工具和方法都遵循这一进化模式：一开始简单直白，但随着问题变得逐渐艰深、观察对象变得日益复杂，发生适应性演进，成为更受场景制约、更系统的方法论。

互联网行业的AB实验也是如此，它诞生于门户网站时代，最开始只表现为在几个UI方案中择优，但Web 2.0的浪潮来临之后，平台型、互动型产品使AB实验面临了新的挑战。在应对挑战的过程中，AB实验的设计变得更为复杂，也逐渐演化出多种多样的新工具。

第6章讲述了AB实验的基本操作流程，本章就来聊一聊它的几个变体。下面依然以"耳哆"这个音频App为例，讲讲关于AB实验的若干"新题型"及常见陷阱。

7.1 "辅助线"型实验

数据分析师小格作为新人加入"耳哆"产品团队后，很快发现AB实验不像他一开始理解的那般简单。很多时候，他都无法从单个实验的数据中得出特别确定的答案。他有时无法解释意料之外的指标变化，有时担心策略全量执行后指标会和实验阶段不一致，有时发现自己在设计实验时变量控制得不够彻底，等等。小格意识到，遇到这些情况后需要对策略做进一步的实验设计，才能更接近确定性的答案，这就好比给老的实验添加"辅助线"。

学过几何的人应该都知道辅助线的奇妙。当解题者恰当地将图上的两点相连，整幅图就仿佛被重新组合了一般，给人呈现一个审视问题的全新角度。在AB实验中，有两种"辅助线"，即父子实验和反转实验。

7.1.1 父子实验

顾名思义，父子实验就是将父实验重新分流，形成几个子实验，或者在新的实验层叠加策略，作用于父实验的用户，如图7-1所示。运用父子实验的原因比较多，常见的有以下两个。

（1）父实验的策略虽然取得了收益，但是带来了指标置换现象，即其他某个指标的值因实验而下降，此时需要对老策略做一些修正，弥补局部损失。这时就可以在老策略的基础上，开展包含补充策略的子实验。

（2）当父实验的一些数据现象难以解释时，需要对父实验的条件做进一步的拆分，以解释策略对用户的影响。

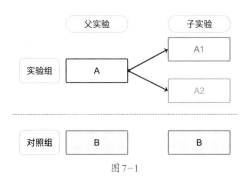

图7-1

让我们以第2点为例看一下小格是怎么运用父子实验的。

"耳哆"最近推出了"你的今日专属歌单"模块，这个模块会向用户介绍一些与他们过往品味不完全一致，但他们仍有一定概率喜欢的音乐。这个模块上线后，"耳哆"的人均时长明显提升了，于是实验进入了逐渐放大实验流量的阶段。

但是产品经理们围绕一个问题展开了激烈讨论，他们想知道，用户对这个模块感兴趣的原因究竟是推荐策略带来的新奇感，还是仅仅是"你的今日专属歌单"模块带来的形式上的吸引力。虽然策略已经确定要上线，但回答这个问题非常重要。这个问题的答案会影响之后的优化方向："重头戏"究竟应该是优化以数据为主的推荐模型，还是优化以设计为主的UI体验？于是，大家决定，在已经放大实验流量的父实验A中开辟几个子实验，将变量各自的效果加以区隔。子实验A1保留父实验的全部策略；子实验A2保留父实验的全部UI，但是让推荐模型失效；子实验A3保留父实验组的推荐逻辑，但是文案变为"今日特别歌单"。

子实验开始一周后，结论很明显：A2相比A1，人均时长的变化不明显；A3相比A1，人均时长则出现了明显的负向增长。这个结果令算法工程师们有些沮丧，原来这个策略带来的时长增长，更多是因为"你的今日专属歌单"模块带来的形式上的吸引力；但产品和设计人员很受鼓舞，仿佛发现了新大陆："你的专属"或许是一个在很多产品场景中都能够加以利用的好概念。

7.1.2 反转实验

反转实验是将新策略（实验策略）和老策略（线上策略）的位置互换，让新策略全量上线，并在小流量实验组中实施老策略，如图7-2所示。所有的产品团队都希望新策略能尽快上线，因为新的想法总是排着队等待被验证。大家也希望对策略效果做出更准确的评估，以防短期被验证有效的策略在长期变得一文不值甚至产生副作用。这时，就需要反转实验来帮忙了，它既能保证产品的快速迭代，又能在一定程度上保证统计学的严谨性。

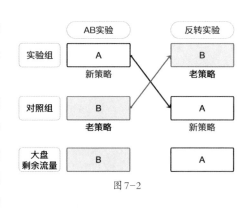

图7-2

继续以"耳哆"为例，大家发现时长的提升主要是歌单样式和文案做的贡献后，便不禁担心起这个策略对用户的吸引力能够保持多久，这个问题翻译成用指标表述就是：歌单的时长收益是否会在几周甚至几个月后被磨平？

在新样式宣布上线的同时，老样式被应用于一个小流量的实验组。一段时间后再来对比一下新样式和老样式的指标表现，问题的答案就浮出水面了。

关于反转实验，还有几点值得注意。

首先，要尽量保证原实验结束之时同步开始反转实验。如果反转实验开始得不及时就会出现这种情况：用户先从老版本升级到新版本，体验了新版本后反转实验才开始，那么其中一部分"不幸的"用户就会发现又"退回"了老版本，实验数据的一部分就会来自从老策略组进入新策略组，再跳回老策略组的用户。这样的策略"跳变"不仅影响用户体验，也影响数据的准确度。

其次，我们通常只对较重大的改进做反转实验。通过流量样本计算（第6章），我们可以得出，如果要对渗透率低的策略做反转实验，一般需要较大的实验流量才能保证实验结论准确。但这与做反转实验的初衷是相违背的。用于反转实验的流量不宜过大，否则会有大比例的用户在很长一段时间内都体验不到最佳策略，基本等于没有做反转实验。因此，反转实验不太适合用来观察渗透率低、效果不明显的策略。

最后，反转实验的整体管理很重要。因为观测周期较长，反转实验很容易就被项目团队遗忘。甚至到了最后，很多实验设计者自己也想不起来还有反转结果评估这回事。这样会造成反转实验的流量越累计越多，没有体验到最佳版本的用户量越来越大。不论对于用户还是对于产品，这都是糟糕的事情。对反转实验做统一管理、开启自动通知、计划性地回收和结束等都是不容忽视的工作。

7.2 复杂 AB 实验

通过"添加辅助线"的方式就能找到答案的问题通常不会是太难的问题。一些更复杂的问题会直接撼动AB实验的根基，让实验设计者不知所措。

AB实验能进行的一个原始假设就是变量能够被有效地控制，但在现实生活中，很多策略牵扯的变量又多又杂，甚至涉及很多外生因素，会引发网络效应，让"精确控制变量"这个实验条件难以满足。在这种情况下，我们找不到完美的实验设计方案，只能采取权宜之计，即在混沌之中找到近似解。下面介绍其中比较普遍的两种情况。

7.2.1 双边市场实验

很多大平台做的都是串联双边（供需）市场的生意。在这些平台上，有买方（消费者）、卖方（供给方）、生产者等多种角色。在这样的情况下，即使策略目标只是影响消费者，在复杂的双边市场中，它也会通过供需关系最终影响到商品或内容的供给方、生产者，使得实验结论难以确定。

在复杂的生态系统中，最终上线效果和实验阶段中的效果可能会大相径庭。比如，出行App可能通过一些策略使用户的打车率显著提升，在小流量实验阶段，用户端的数据表现非常乐观，但是实验上线后，因为所有用户的打车率都突然提升，需求在瞬时大幅增加，司机和车辆的供给明显不足，反而使用户的打车体验变得很糟糕，用户留存率下跌。

让我们再次回到"耳哆"的故事。小格和同事们也曾因为不够理解双边市场，而在实验设计上吃过一次大亏。

在"耳哆"的早期阶段，为了增加用户的消费时长，运营人员觉得可以通过流量扶持的形式适度调高文化娱乐内容的曝光比例。

在实验流量为5%的阶段，小格完成了实验报告，证明这种策略的实施显著增加了用户的消费时长，于是产品团队将这种策略一下子全量实行了。各个媒体号的编辑和主播们立刻明显地感受到文化娱乐内容的分发效果更好、收听量更高，于是加大了这部分内容的创作力度。甚至一些之前做财经、时评的主播也转而生产文化娱乐内容，平台上的内容生态发生了显著变化，多样性越来越差。

面对这类会影响双边市场供需的实验，大部分实验的设计者都会采取逐步放量的方法，谨慎观察一方的反馈会如何传导到另一方，并做最终的结果估计。但这个方法对于只有一个实验组的策略行得通，当实验组较多的时候，我们需要在每组流量较小时就做出预判。

最近，"耳哆"产品团队打算对文化娱乐内容做第2次调控，并想同时实验3种不同的调控力度。小格在设计这个实验时做了特殊的分流：

（1）先对创作端的媒体进行分流，形成4个随机实验组，不配置任何实验参数，4个实验组在理论上无任何差别；

（2）再对消费端的用户进行分流，将用户随机分入4个待测组，各组配置不同的实验参数，组间的参数差别反映文化娱乐内容出现在用户面前的概率不同；

（3）最后，将消费端的4个待测组与创作端的4个实验组——对应，一个创作端实验组产生的内容只会呈现给对应的消费端待测组，同时，消费端产生的用户反馈只会传达给对应的创作端的媒体。

总结一下，双边市场实验对普通实验做了两个核心改动，如图7-3所示：

（1）加入了"一体两面"的观测方法，对同一种策略，分别观察平台两端的情况；

（2）将两端的每组实验做一对一的匹配，尽量模拟出策略全量实行后的效果。

当然，这里描述的是一个通用的版本，双边市场实验在实际操作中需要实验设计者根据产品的特质对实验方法做出差异化调整。

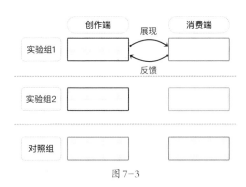

图 7-3

7.2.2 社交网络实验

社交网络不像双边市场这样有买方、卖方这样固定的角色，但是也存在信息的发出方和接收方，因此实验策略依然会顺着关系链传导出去。

有一次，"耳哆"的产品经理打算对产品的私信页面进行改版：用户发送消息后，好友如果阅读了这条消息，那该用户会看到一个对勾出现在消息后，作为"已读"的标志。产品经理猜想这个改变会提升用户回复信息的活跃度。

如果按照普通实验那样进行随机分流，会把某用户的一部分好友分在能看到对勾的组，另一部分好友则进入看不到对勾的组。这就有可能造成：一些用户因为自己没有进能看到对勾的组，所以放心地"已读不回"，导致被对方揭穿的尴尬局面。

此外，因为社交关系不能隔离，所以实验组用户的好友很可能进入了对照组，此时"已读"策略虽然使用户活跃度提升，但是在他们互动的时候，实验组用户活跃度的提升会使对照组的活跃度提升，发生活跃度从实验组向对照组"传导"的现象。两个实验组会相互影响，这明显违背了控制实验的基本原则，让实验结果变得不可信。

为了找到相对可行的方案，小格做了些调研。他发现各互联网公司尝试了很多不同的方法，但几乎没有找到在用户体验、统计准确度和开发复杂度上都评得上"优"的完美方法。下面介绍其中两个用得比较多的方法。

1. 社交分桶实验

社交分桶实验是相对严谨的分流策略，当实验组不多时（以只有一个实验组为佳），它可以在理论上实现无差异分流。

具体实现手段比较复杂，简化描述如下，示意图如图7-4所示。

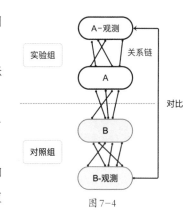

图7-4

（1）在大盘里随机选一个用户进入A组，将他标记为"A-观测"，他的朋友全部标记为"A"。

（2）随机选一个用户进入B组，将他标记为"B-观测"，他的朋友全部标记为"B"。

（3）再继续为A组挑人，随机选择一个用户，如果该用户的朋友中未被标记为"B"的达到了特定阈值（$n\%$），比如80%，则该用户入选A组，否则放回。

（4）接下来，再以同样的标准为B组挑人……这样循环往复，直到很难再挑出$n\%$以上未被标记为对方组的用户。

这时，用户总共有4组："A""A-观测""B""B-观测"。实验方式是，所有被标记成"A"和"A-观测"的用户体验A组策略，所有被标记成"B"和"B-观测"的用户体验B组策略。但是观测数据时，只比较"A-观测"和"B-观测"两拨人的数据，因为只有这两拨人可以体会到较全面的策略，同时不会明显受到对方组的关系链影响。

的确有互联网公司践行这样的实验方式，但其需要具备一定的实验条件：

（1）产品的网络密度不能过高，即每个用户不能拥有过多的关系链，否则按照上述方法，能被选中参与实验的人太少，达不到统计的显著性要求；

（2）产品用户的社交关系链要稳定，如果圈好群体后，用户又很快交了新的朋友，或者放弃了老的关系链，则复杂的实验准备全部白费。

2. 双重差分评估

小格觉得社交分桶实验的操作复杂性过高，在时间和人力上都不允许。他打算选择双重差分评估这种虽然有些主观，但相对简单的评估手段。

为了避免受到关系链的影响，小格选择用户时使用了"非随机进组"的方式。将甲城市的用户放入A组，将距甲城市比较远的乙城市的用户放入B组，假设这两个城市的社交圈因天然的地理因素而隔离。但是，甲城市用户的活跃度天然比乙城市用户高一截，这就不符合传统AB实验的要求，即两个实验组的实验对象在所有指标上应该表现一致。在这种情况下，可以使用双重差分评估的方法来进行实验数据回收，即我们可以运用"双重差分评估"，通过研究指标的变化幅度和变化时间点，来判断策略是否起作用。

双重差分评估操作起来比听上去要简单很多。说白了，就是观察实验对象在被施加策略之后，和对照组相比，差距是扩大了还是缩小了，以及这个变化在多大程度上可以归功于策略的施加。双重差分评估示意图如图7-5所示。

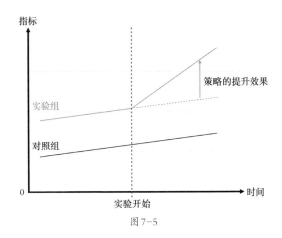

图 7-5

"双重差分评估"被广泛地应用于宏观政策评估。因为衡量宏观政策不像在实验室做观察，无法将变量控制得几近完美，难以创造出基础条件完全一致的若干实验组。

在这个实验中，小格既需要比较施加策略后两个城市用户的指标差异，也需要拉长时间线来对比实验前、实验中的指标差异，还需要检查柏林变化的时间点是否和开始施加策略的时间点一致，否则很可能存在未知因素的干扰。前面提到，这个方法相对主观，指标变化的时间点与开始施加策略的时间点越接近，指标变化的幅度越大，我们越有信心认为策略奏效了。

7.3　AB实验常见误区

在AB实验的实践过程中，小格还遇到过许多陷阱和令人困惑的现象，他把自己踩过的"坑"一一记录了下来，提醒未来的自己。

让我们看看AB实验都有哪些常见误区。

1. 注意会影响App打开率的实验

几乎所有的实验指标都是以DAU为分母来进行计算的，因为绝大多数情况下，不同实验组的DAU可认为是一致的。实验策略不会影响分母，而只作用于分子（比如某功能的使用人数、某入口的点击人数等）。但是在特殊情况下，只考虑DAU会影响对结果的判断，这种特殊情况就是实验会影响App打开率的情况。

举个例子，假设某种策略会导致实验组用户接收到更多的推送消息（Push），用户的App打开率提升。这时，如果以留存率的涨跌来判断实验效果，我们会发现，该策略不仅影响了分子（当日活跃用户中次日依然活跃的人数），还影响了分母（DAU）。如果分母的涨幅大于分子的涨幅，实验组的留存率就会下跌，使得新策略在实验组中的效果看起来反而不如对照组。但这其实是因为平时不太活跃的用户也变得活跃了，新策略应该是奏效的。对于这类会明显影响App打开率的实验，我们不应该只看活跃用户的留存率或功能使用率，而应该以所有进组用户数为分母，不论他们是否活跃。

2. 别同时设置太多实验组

AB实验是一种方便有效的决策手段，但这也会使得人们索性把判断权交给机器，同时设置好几个实验组，以尽量穷尽所有可能性，并认为任意两个实验组都可以两两对比。这样的行为除了增强人们的思维惰性外，还会提高误判的概率。

第6章提到过实验流量的计算方法，其基本假设是保证假阳性错误（把无效的策略错当有效的）出现的概率在5%以内。

我们可以计算一下，如果在一个实验中设置了5个实验组，想要任意两两对比的话，共有10种组合。那这10种组合中，出现假阳性错误的概率就变成了 $1-(1-5\%)^{10} \approx 40.1\%$，这是一个很高的错误率。如果真的要做多组择优，那么实际上对实验流量的要求是很高的，即使DAU为1000万也满足不了。

正是因为多组实验的潜在错误率问题，一般情况下，应当避免为同一个实验设置过多的实验组。

3. 警惕实际收益和目标不一致

如果监控看板上的实验指标配置得越来越多，出现假阳性错误的概率就会越来越大。这有可能导致一个误区：只要看到正向指标就认为是策略做的贡献，即使这个正向指标与策略的初始目标完全不同，我们也会不顾逻辑是否合理，将也许是假的收益归功于自己。

比如，一种策略的目标是提升用户资料的完善度，但是实验结果发现另一个毫不相干的页面渗透率上升了。此时要非常谨慎地分析两者是否存在逻辑链，因为在指标众多的监控看板上，某个指标出现假阳性错误的概率是很高的。在实验开始前，最好能列清楚策略目标，太过意外的收益常常是假象，不应该自欺欺人，陶醉于意外的指标收益，就像射中靶子之后再画靶心。

4. 策略全量实行后数据和实验阶段不一致

数据分析师还会被常常询问的一个问题是，为什么策略全量实行后，监控看板上的某指标涨幅和实验观测到的涨幅不一致。

造成不一致的原因有很多。

首先，我们观测指标看板上的指标涨幅时，只能从时间维度做对比，比如今天比昨天涨了1%；而在实验中观测涨幅时，做的是同时段的指标对比，比如同时期，A组比B组涨了2%。这两种评估手段在实际中容易被混淆，但其本身有着较大差异，求涨幅时所用的基准值在概念和数值上都不一致，不能精确地互为参考对象。

此外，统计学上还有置信区间的概念，比如，我们观察到的涨幅为2%，置信区间为[−0.2%，+0.2%]，则真正的涨幅很有可能为1.8%~2.2%。由于存在统计和观测误差，因此实验者所观测到的涨幅可能只是真正涨幅的一个近似值。

最后，如果真的发现看板上的指标涨幅明显大于实验观测值的涨幅，且出现变化加速的情况，则说明真的可能出现了网络效应，小流量时期能感受到新策略的用户不多，随着实验全量上线，社交网络会放大策略的效果，使观测指标发生大幅变化，或是生态发生了改变，这在双边市场实验那一节已经提到了，后面的章节还会做出更详细的讨论。

本章所描述的内容只反映小格在不长的职业生涯中所碰到的AB实验变体和麻烦，现实中的问题并没有穷尽，我们也难以将观察对象套到有限的典型角色里，正因为如此，AB实验的具体技巧也没有穷尽。有的时候，设计一个AB实验并不是为了立刻获得决策的依据，而是伸出去一条探索的触须，在与难题的斗智斗勇中，使方法论得以持续不断地升级。

第二部分

实战篇

　　本部分针对互联网人的常见困境，从与用户体验相关的问题展开，每章设置一个互联网实战的场景，涉及一个有代表性的案例。本部分将详细讲解指标异动查询和系统性危机甄别、各类用户的留存优化、用户路径分析和业务ROI测算等相对确定的数据分析方法。

第8章

像探案一样洞悉异常
——指标异动

数据现象有时只是一种"象"，需要靠人脑的加工把它还原成"理"。不同的人对同一个数据现象进行归因时，表现会大相径庭，一些人会过于简单粗暴地归因，还有一些人会情不自禁地从利于自己的角度解读。好的数据分析师如同名侦探，有能力抽丝剥茧，揭示案件的真相，并找出真凶。

夏洛克·福尔摩斯和华生的首次亮相是在《血字的研究》中，在小说的开端，一具尸体出现了，众人发现了留在墙上的血字"RACHE"。该血字的信息量着实不大，但似乎是关键线索。血字究竟和凶案有什么关系呢？警察认为血字是没写完的人名"瑞秋"（Rachel），于是完全搞错了搜证方向。这个假设很快被福尔摩斯推翻，他指出"RACHE"其实是德语"复仇"之意，并揭开了凶手的复仇动机，推理出隐藏在表象背后的真实案发原因。

电视剧《神探夏洛克》的第一集也翻拍自这个故事。有趣的是，警察一开始就指出这个词是"复仇"之意。书迷们可能会惊叹他们这次学聪明了，可没想到，编剧又制造了一个反转，让福尔摩斯再次推翻了警察的观点，指出这其实是死者女儿的名字。即使论点完全对换，苏格兰场的警察依然扮演被表象蒙蔽的角色，福尔摩斯永远是识破真相的那一个。

对血字进行研究，很像数据分析师的一项重要日常工作——指标异动查询。指标异动指的是数据指标的异常下跌或上涨。正如血字"RACHE"一样，这种异常并不是案件真相，而只是一种表象，它背后的原因没有那么显而易见，需要我们进行细微的分析。

《血字的研究》是《福尔摩斯探案集》的第一案，与之对应，指标异动查询常常是数据分析师上的第一课，是他们最早面对的难题。可以说，这是决定数据分析师是会成为福尔摩斯，还是会成为苏格兰场的警察的关键。

问题总是在回头看时简单，但得出答案的过程是非常困难的。下面使用一个案例来还原指标异动查询的过程，4个标题体现了指标异动查询的4种常见思考角度。

8.1 不存在的案件——造成虚假异动的原因

指标异动总是突然出现。

这天也不例外。

数据分析师小格正忙着，一只大手拍到了他肩上，这熟悉的力度让小格感到天又将降大任于他，猛然回头，正是负责热搜榜的产品经理小旮。

"小格，你帮忙看看，为什么这几天榜单的渗透率下跌了。"

小格所供职团队负责维护的App是一个以新闻为主要内容的自媒体社区，热搜榜是这个App最重要的模块之一，是最能让用户充分感受新闻时效性和话题性的板块。

小格观察了数据走势，发现榜单渗透率的确出现了下跌，如图8-1所示。

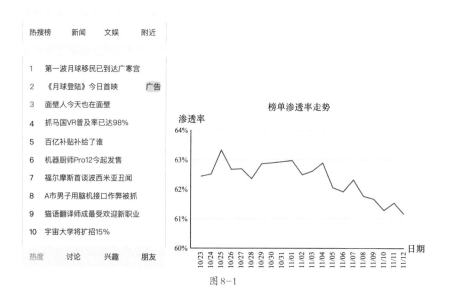

图 8-1

渗透率是使用某功能的用户数占DAU的比例，榜单渗透率指当天有百分之多少的活跃用户查看过榜单，因此，它的下跌会直接导致榜单的广告位曝光率下跌。小格估计广告部门的同事也会找过来，心想最好能早点给出解释。

小格需要首先确认下跌的范围，他检查了站内其他关键指标，发现DAU和用户时长的走势都较平稳，各个页面的浏览量也都非常正常。但正是在这样一片"安静祥和"的气氛中，榜单页的数据"孤独"地下跌，这不禁让小格想：不会又是个"虚假异动"吧?

所谓"虚假异动"，是指监控看板上的指标虽然下跌了，但用户侧并未发生任何实际变化。这就好比，你用望远镜观星，看到星星忽然多了几颗，但实际上星星的数量没有变化，只是望远镜发生了故障，才给你带来这种错觉。

1. 嫌疑点1——埋点丢失

浏览数据很可能在哪一步"走丢了"。

来自用户的数据一般会走过埋点、数仓表、看板系统等一条长长的通路，任何一个环节都有可能丢数据。但通常而言，看板和数仓表搭建好之后，不会被轻易修改，丢数据的概率很低。最常出问题的是客户端埋点：研发部门在开发新版本时，需要移动和删除代码模块，一些工程师可能会误删其中的埋点代码。

最近客户端刚刚发布了新版本，还没有面向全部用户发布，小格高度怀疑这又是一次埋点事故，不过，得首先拿出具体的证据。

他操作筛选器，在监控看板上拆分了 iOS 和 Audroid 两大操作系统的指标，结果发现双端的榜单渗透率都发生了下跌，如图8-2所示。这个现象让他几乎排除了埋点异常的可能性，因为双端同时发生埋点问题导致丢数据的概率很低，两个系统的工程师不至于商量好了，一起删除相同模块的埋点代码。

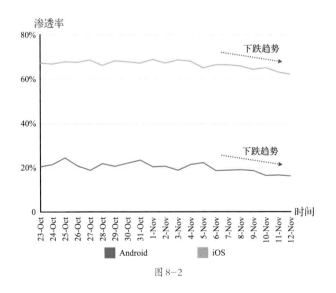

图 8-2

2. 嫌疑点2——统计口径变化

小格又想，是不是统计口径（统计数据的范围和标准）发生变化了呢？

有时候，即便数据在全流程精准无误，但是观测方式被人为修改，也会使指标产生难以预料的变化。

统计口径变化带来的"虚假异动"

某家公司有一个监控仪表盘，按日展现所有订阅"付费版"用户（下称"订阅用户"）的行为数据，以反映这些用户在产品中都做了些什么。某一天，一个统计口径的改动使得用户的行为数据在毫无产品改动和线上事故的情况下出现了大幅波动。让我们具体看看是怎么回事。

老的统计口径是这样的：如果一个用户在某一天任何一个时间点，比如12月10日22点付费订阅，那么他在12月10日这一天所有的行为都会被记为订阅用户的行为。

有一天，该业务的负责人认为统计口径应该更新成更严谨的版本：用户应该在一整天都是订阅用户时，其行为才能被记录，也就是说如果用户在12月10日付费订阅，他在当日仍然是普通用户（非订阅用户），直到12月11日才能被算作订阅用户。于是，负责管理监控仪表盘的员工将订阅表的取数日期从 T（动作发生当日）改成了 $T+1$（动作发生次日）。

数据刷新后，订阅用户的留存指标出现了大幅下跌，普通用户的留存指标出现了大幅上涨，这令负责订阅模块的产品经理大为不解。

经研究发现，这个产品的用户在订阅之前更加活跃：他们通常在一番探索之后，对"试用产品"感到满意才付费订阅；而付费订阅后，可能出于"已经拥有"或者"打过卡"的心理，其活跃度反而小幅回落。因此，在老的统计口径下，订阅用户在订阅前大量的站内浏览、"种草"和选品的行为都被记录成订阅用户的行为，统计口径更新后这些订阅前的活跃行为不被计算在内了，这便造成了留存指标的大幅下跌。

顺着这条怀疑链，小格还询问了几个数据链路上的负责人，看看最近一段时间有没有调整过指标的定义或规则，但除了把大家搞得一惊一乍之外，没有得到任何有用的线索。

至此，"虚假异动"的可能性被基本排除，他意识到，自己面对的确确实实是一个真实"案件"。

8.2 搜寻隐秘的角落——维度拆分和辛普森悖论

意识到这次归因没法速战速决后，小格翻出了他珍藏已久的"异常波动检查清单"，如图8-3所示。

```
1. 维度和漏斗拆分
☐ 同时下跌的业务线指标定位
☐ 用户性别、年龄、地区、操作系统等画像属性
☐ 异常开始出现的版本以及近期重大上线功能
☐ 站外推送状态
☐ 投放渠道是否异常
☐ 市场活动的变化
2. 外部因素
☐ 季节、节假日
☐ 市场竞争态势
☐ 重大舆情
☐ 合作伙伴变化
```

图 8-3

小格是投资大师查理·芒格的粉丝，而芒格对检查清单推崇备至，他曾经说过："工作前要像飞行员那样——一核对自己的检查清单，确保万无一失。"

指标异动查询也是一样，因为难以确保每次都能从大脑中毫无遗漏地调度出所有嫌疑点，小格非常依赖检查清单。

1. 嫌疑点3——外部因素

顺着检查清单往下看，小格首先需要排除外部因素，否则容易白忙活。

他一把拉住小旮问道："这几天是不是没什么热点新闻啊？导致Push不吸引人，所以没人点击。"

这个观点立刻被反驳了："怎么会？"小旮列数了一番这几天的重大新闻。

案例延伸

外部因素影响

在特定时间点，外部因素的确可以对指标异动提供很强的解释力。图8-4所示为4款知名互联网产品在多年内的DAU近似走势（非真实数值）。这4款产品分属电商和视频App。在特定时间点，对单个App而言，DAU可以跌到令人心惊的程度。但是，如果同时对比多个App，我们可以总结出这种震荡的规律。

视频和电商这两大阵营似乎总是在相互抢占用户的注意力和时间。在一些节假日，两大阵营在DAU走势上有明显的反向波动现象：国庆和春节期间，视频App的DAU上涨，电商App的DAU下跌；而到了"双11"前后，电商App的DAU激增，视频App的DAU则出现下跌。

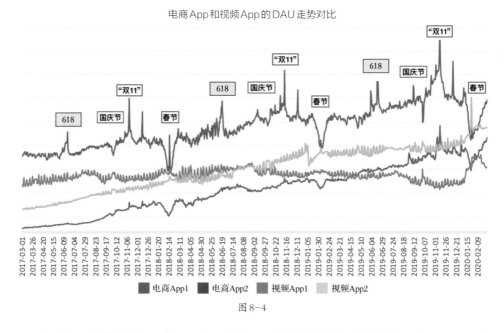

电商 App 和视频 App 的 DAU 走势对比

图 8-4

如果产品的数据在这些节假日出现波动，且与所在阵营的大趋势吻合，就可以大概率定位为受外部因素的影响。这需要数据分析师对大环境、竞品和 App 所属的阵营有清晰定位，合理地诉诸外部因素，对指标异动做出准确解释。

2. 嫌疑点 4——维度和局部异常

一切单点出击都未果，小格开始本本分分地进行维度拆分工作，即检查指标在不同维度上的表现，并判断其影响范围。

这些维度包括版本、地域和用户画像等，每一维度划分都是对数据的一种分隔。如果能够把指标异动锁定在某一个维度中，就如同侦探锁定有限的几个嫌疑人一样，将凶手定位在一个很小的范围内，揪出他指日可待。

小格使用监控看板的筛选器，斗志昂扬地进行"缉凶"。

半个小时过去了，小格穷尽了所有筛选器的选项，包括性别、年龄、省份、版本、机型等，失望地发现所有常见维度的所有子分类指标都出现了下跌，事情陷入了僵局。

3. 嫌疑点 5——辛普森悖论

面对监控看板，小格沉疑了片刻，忽然意识到当前的监控体系中存在一个很大的盲点，那就是辛普森悖论。

辛普森悖论是英国统计学家E.H.辛普森（E.H. Simpson）在20世纪50年代提出的，用来描述一种乍看之下不可能存在的统计学现象：将观察对象分组，分别计算某个统计值，可以发现某种特征；但是一旦将所有分组合并统计，观察对象就会呈现出相反的特征。

案例延伸

辛普森悖论

9月初以来，某电商App的直播页渗透率似乎在接连下跌，眼看就要到"双11"了，这个趋势非常不乐观。异动归因时，可以观察到一个奇怪现象：虽然整体趋势在下跌（见图8-5），但是如果用年龄维度拆分，不同年龄段的直播页渗透率都是相对稳定的（见图8-6）。

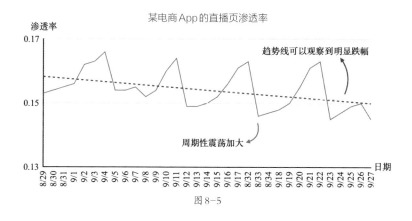

图 8-5

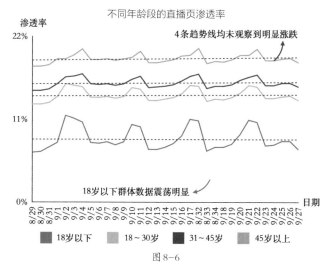

图 8-6

数据分析师注意到18岁以下用户指标的周期性震荡明显，如图8-7所示，同时，全局的直播页渗透率出现了震荡加大的现象，于是他猜想，可能是18岁以下的用户对于全局指标的影响力变大了。

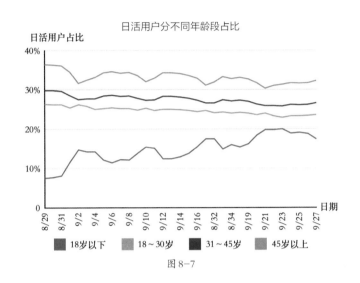

图 8-7

最后，通过查看各年龄段用户的占比变化，这个猜想被验证了。

图8-5至图8-7很好地诠释了一个辛普森悖论：各个年龄段用户的直播观看情况都没有发生显著变化，但是18岁以下用户的占比显著增加；同时，18岁以下用户的直播页渗透率偏低，所以，他们的权重变大会导致全局指标出现下跌。

分析至此，就离真相无比接近了。只需对18岁用户的增长做出归因：原来是开学后，站内卖教辅和课外书的直播间忽然多了起来，有效地吸引了学生群体观看，使该群体的规模显著变大。

有了一个新的思路，小格重拾信心，开始检查各类用户数的占比是否发生了明显变化。

核心指标看板一般不会事无巨细地罗列各类用户数的占比，因此需要拆分的维度非常多，这就要求分析师具备充足的经验和敏锐的直觉，清楚指标在哪类用户间的基数差别大，了解什么样的用户最可能发生占比激变。

没想到没过多久，小格的希望再次落了空——当前的现象用辛普森悖论解释不通。到此为止，小格对指标异动的所有推理和解读都宣告失败。

8.3 拆解作案手段——深入具体业务场景

此时的小格像一个步入死胡同的侦探，他传唤了所有的嫌疑人，但每个人都有不在场证据。不过，小格没有心灰意冷，越是扑朔迷离的数据现象，越能激发他的兴趣。

指标异动查询这项任务很像体操比赛，存在规定动作和自选动作。规定动作包括数据质量和统计口径检查、常见维度拆分、新策略筛查等例行流程；自选动作则蕴含着数据分析师对业务线更深层次的理解，是体现其数据分析能力的部分。此时的小格就要自选动作了。他决心抛开机械性的手段，从具体情况再次出发，再去搜罗一圈证据。

1. 嫌疑点6——推送逻辑更新

小格又想起了一个嫌疑点，他知道最近上线了一种"活跃不推"策略，就是针对当日已经活跃的用户，不再对他们进行特定的推送，以减少打扰。这是否是榜单渗透率下跌的原因呢？毕竟越是活跃的用户，往往对榜单推送的点击率越高，把这些用户屏蔽掉，剩下的用户不太爱点击也是很正常的。小格对这个推理很有信心，于是私下与负责推送模型的算法工程师沟通。这位同事听罢也是一阵紧张，立刻查询了策略上线的时间，结果发现比指标异动时间要早1个月，策略效果不可能存在这样的滞后性，这个嫌疑点又被排除了。

2. 嫌疑点7——前序路径变化

小格把自己想象成一个用户："我"会遇到什么阻碍，从而不去看站内热点呢？他想到，浏览热搜榜这一行为是一串漏斗动作中的一环，用户势必是从某个入口进入的，因此，很有必要检查一下所有前置动作是否受影响。

说干就干，小格写了一段SQL代码，将这几天浏览热搜榜的用户数，按入口位置进行了分类统计。新的线索很快出现了：这几天从榜单推送这一入口进入的用户数显著减少，如图8-8所示。

榜单推送是站外消息推送的一种，用户在手机上看到这类推送并点击，便会直接打开App，进入榜单页。在监控看板上，一般会既显示所有推送的总发送量和总点击量，也显示各类推送各自的发送量和点击量，如图8-9所示。

小格兴奋地找来负责用户增长的运营人员小增，询问他是否发现了这个现象，可是小增并未对此事展现出浓烈的兴趣："推送的总发送量和总点击量都很正常啊。"

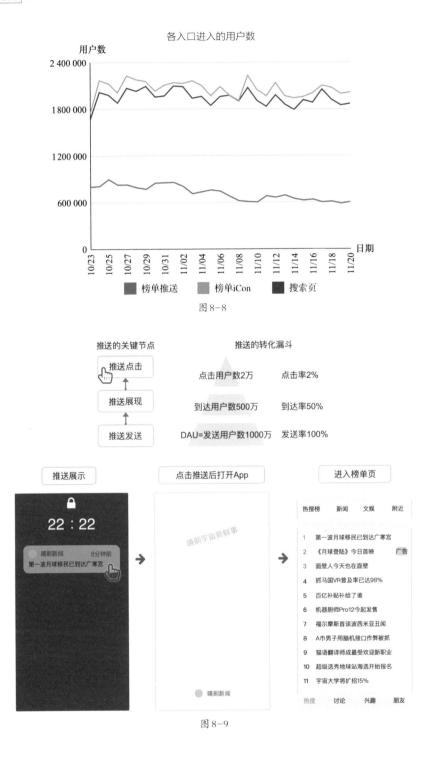

图 8-8

图 8-9

众所周知，推送的点击率下跌很容易直接导致站内留存率的下跌，可现在站内留存率是正常的。小增对与新增和留存无关的项目都是对他生命的一场浪费，他不想掺和。无奈之下，小格只好继续独自研究。既然推送的总发送量和总点击量是正常的，为什么唯独从榜单推送进入的用户减少了呢？

3. 嫌疑点8——触达强度变化

小格思索起事情的具体情况。

榜单推送的点击也是一串漏斗动作中的一环。榜单推送点击率的计算公式是：

$$榜单推送点击率 = 榜单推送点击用户数 / 榜单推送到达用户数$$

漏斗上游的榜单推送的用户数和推送到达率几乎没有太大变化，如图8-10上图所示，而在漏斗下游的榜单推送点击用户数和榜单推送点击率却显著下降了，如图8-10下图所示。

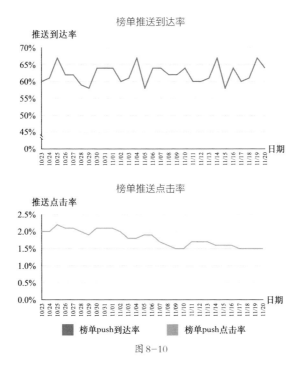

图 8-10

这是什么原因造成的呢？小格再次将自己带入用户视角：当手机屏幕亮了，跳出来一条榜单推送，什么因素会导致自己不去点击它呢？

其实导致用户不点击的因素有很多，一时不感兴趣、手头有别的事要做等，但不管出于什么原因不点击，随着榜单推送的继续出现，不点击的概率是否会越来越低呢？

小格突然想到，当前监控的榜单推送点击率只反映了榜单推送是否到达某个设备，但是不能反映榜单推送到达每个设备的数量是否有变化。于是，小格检查了榜单推送人均到达量，果然，这个指标明显下跌了，如图8-11所示。

图 8-11

真相水落石出，当榜单推送人均曝光两次的时候，用户点击的概率更大，而现在，大部分用户只能看到一次，出于各种原因而不点击它的概率自然就大了。

继续探究下去，又是什么原因造成了热点推送人均到达量的下跌呢？

小格又查询了各类推送的发送量，最后发现，因为最近在做某一个新模块的认知强化，运营人员对该新模块的引导类推送设置了强触达。而一直以来，为了不过度打扰用户，每天的推送发送量都是有上限的，这就使得强触达推送占用了非强触达推送的份额。因此，榜单推送到达率虽然没有变化，但是热点推送人均到达量跌幅很大。简单来说，这次指标异动的原因是，榜单推送人均到达量被引导类推送挤占，用户的点击行为也被分走了，造成了榜单渗透率的下跌。

8.4 侦探的独白——新洞见和新工具

查询工作进入尾声，过程虽然曲折，但是结果很明确。如所有本格侦探故事的结尾，小格在会议室里开始了他的"推理独白"，依次介绍了线索、关键证据，并最后指认了"真凶"——强触达的引导类推送。小格结束独白后，没有人企图推翻这条逻辑链，包括小增在内的大多数同事点头称是，安静散会，只留下热搜榜产品经理和新模块产品经理留在原位就推送占用问题展开激烈的争论。

小格走出会议室时，已经接近晚饭时间，虽然小格出色地完成了任务，但是他的工作体验并不好。为了查这件事，他一大早就在写的SQL代码到现在都没提交。另外，他觉得这次的问题其实并没有那么复杂，不该付出那么多的精力。小格不禁想起一句话："盘古开天地，上下五千年。我在马路边，捡到一块钱。"这句话原本是用来嘲笑虎头蛇尾的推理小说的，现在则深刻地揭示出了小格此时的辛酸，且小格感到这样的辛酸已经不是第一次了。于是，小格有了两点反思，并决定要改变自己的命运。

首先，他觉得推送的核心监控看板设计得不够好。如果看板上清楚地提供各类推送的人均到达量，这次的指标异动查询就不会那么痛苦。

正如王阳明所说："君未看花时，花与君同寂；君来看花日，花色一时明。"当前的看板，就像一个残破的世界观，把一些重要的观察角度彻底遮蔽了，害得小格只能打着手电筒一般四处乱找。小格把这个想法告诉了小增，小增答应补充一些监控逻辑。

其次，他觉得当前查询方法的自动化程度太低。小格佩服名侦探在工作中的诸多优秀禀赋，包括敏锐的洞察力、思辨能力，以及坚韧。但是，小格希望人的劳动能尽可能地由计算机承接，而把更多的时间留给洞察和思辨。于是，小格和其他数据分析师讨论了一番，向数据中台的同事提出了一些需求，希望能帮他们开发一套自动化的指标异动查询系统。

案例延伸　　　## 指标异动查询自动化的基本思路

数据中台实现指标异动查询自动化的技术方式在此不便赘言，但其核心思想包含以下两个思路。

1. 替换法和剔除法

顾名思义，替换法就是用指标正常时的值替换异常时的值。计算机会遍历所有设定好的维度，并用它们在正常期的值逐一替换异常期的值。如果发现某次替换之后，指标恢复正常，则大概率可以判定指标异动是由这个被替换的维度的变化引起的。

类似的，剔除法就是将各个维度依次剔除，检查异常值是否因某个维度的剔除而恢复正常。

2. 多维相关性分析

首先将各类核心指标按时序分解成趋势（Trend）、周期性波动（Seasonal）、噪声

（Residual），如图 8-12 所示。网上有较多关于其实现方式的介绍和开源的代码包，在此不再赘述。

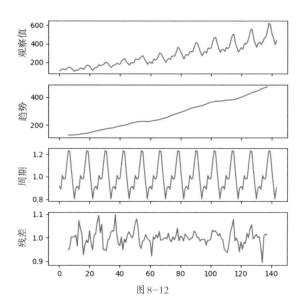

图 8-12

接下来，对所有指标的趋势进行多维相关分析，即指标的一对一相关性计算，找出一同下跌或者一同上涨的"关系户"。其结果的概念如图 8-13 所示，蓝色越深，两个维度间的相关性越强。

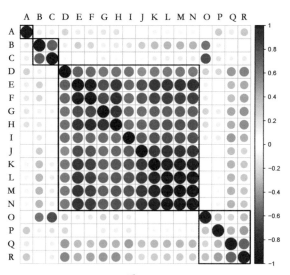

图 8-13

通过这种方法，我们可以将可能相关的异常尽收眼底，并优先检查"元指标"。所谓元指标，即影响力更大、在用户行为路径上更靠前、更有可能施加影响而不是被影响的指标。此外，这种方法也可以帮助我们更快地梳理出指标异动的演变过程。

侦探小说是虚构故事，它和现实世界最大的不同点在于：侦探在每次查明真相后，一个故事就可以宣告落幕了；但对于互联网人而言，在查明真相后，一个故事可能才刚刚开始，接下来，互联网人的工作是控制指标异动。

回到座位的小格继续看着眼前的推送监控看板。他注意到，在将近1年的时间内，推送的总点击率是在轻微震荡中上升的。他知道算法工程师们一直在优化推送的个性化匹配机制，看起来颇有成效。忽然间，小格感到有什么地方不对劲——整个App的留存率并没有上涨，如果推送的调起率变高，理论上留存率应该上升才对。

之前对热搜榜的指标异动的查询，是一个经典的单点归因过程；而现在观察到的现象，可能要复杂得多，暗示着一场系统性危机。小格隐隐觉得这是一件大事。此时的他，仿佛瞭望塔上的水手看到了冰山一角，而大体量的坚冰正在幽暗的海水中缓缓靠近……

在下一章我们将会看到隐藏在数据异动背后的一场更难以解决的危机。

第9章

罗马不是一日垮掉的
——发现系统性危机

罗马不是一日建成的，也不会在一日之内垮掉。一个帝国往往在它最昌盛的时期就埋下了灭亡的种子。但是，人们总是在危机将至时才意识到，却为时已晚。

在经典的科幻喜剧片《黑衣人》中，有一个知名桥段。处理星际移民事务的特警在窨井盖上看到一朵外星小花。外星小花看起来呆萌娇弱，很好欺负，于是特警大声辱骂了它。殊不知，这朵外星小花其实是藏在地铁里的外星巨怪头顶的一个小触角。被羞辱的外星巨怪震怒了，吞噬了大半截地铁车厢。这就像系统性危机从出现端倪到爆发的过程。大危机在出现前，总会先以人畜无害的形象露出一些征兆，然后爆发出吞噬一切的威力。产品人要时刻保持谨慎，对系统性危机要早发现早解决。本章将延续上一章的故事，聊一聊小格是如何揭示系统性危机，并力挽狂澜的。

9.1 无因的恐惧——用户怎么不增长了

小格发现近几个月整个App的留存率和DAU几乎没有增长，DAU走势图如图9-1所示。

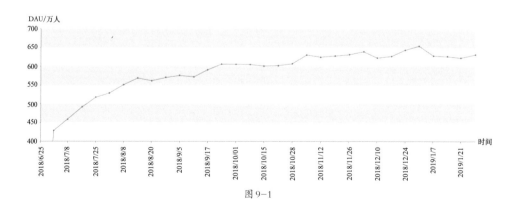

图 9-1

小格按照检查清单拆分维度，发现所有维度都存在着同等程度的留存增长停滞现象！

小格感觉到不安——这可能是一个更系统的危机，因为其负面影响无法被隔离到一个可切分的范围内。

小格决定验证一下，如果扩大时间尺度，站内的用户活跃度是不是发生了不可见的变化。小格将用户按照一周内的活跃天数划分为7个活跃度层次，活跃度最低的用户一周只活跃1天，活跃度最高的用户一周活跃7天。

利用这个规则，小格获取了近一年的活跃度分层DAU，对其做了可视化，如图9-2所示，图中的每一条曲线都代表着这一天的DAU中有多少用户在下一周活跃了N天（N取1~7）。

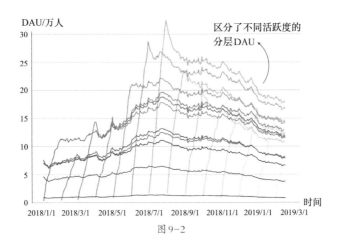

图 9-2

图中最高的这条曲线，代表那些在下一周活跃了7天的用户。可以看到，代表一周活跃了6天和7天的用户的两条曲线在下降，说明高活跃度用户（$N=6$ 和 $N=7$）的流失情况严重，中活跃度用户（$N=3$ 到 $N=5$）也明显缺乏向上跃迁的动力。之所以总体DAU没有出现明显下跌，是因为最低活跃度的用户数稳中有增，弥补了一部分高活跃度用户的流失。

情况非常不妙。

高活跃度用户数的峰值出现在去年12月，然后就急转直下，且下降趋势还在持续，可以预见，如果不找到问题产生的原因并解决问题，随着高活跃度用户继续减少，总体DAU是无法维持的，肯定会在不久后下跌。

去年12月是否发生了重大负面事件呢？小格向产品经理小昝咨询这个问题。小昝看到这张图也觉得触目惊心，赶紧打开上线日志查看，发现去年12月上线的需求很多，但是找不出问题。小旮只能协调各个相关部门的同事帮忙彻查这件事，但是结果是谁也不记得去年12月发生过什么重大负面事件。

这突然的拐点像一记低沉的闷棍，出现得莫名其妙。

9.2 进行"断代"处理——同期群分析

小格筛选出高活跃度用户，即一周内活跃6~7天的用户，仔细观察他们的变化，站在折线图（图9-3）的山巅，思考着为啥地基会忽然塌了下去。

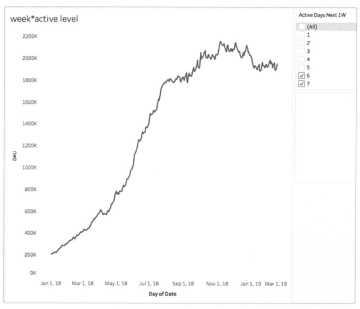

图 9-3

这条曲线在前期的大幅攀升，是小格和同事们辛苦奋斗一年的结果。小格想起一句话，"罗马不是一日建成的"，或许，罗马也不是一日垮掉的。

小格的脑海中出现了一幅他在考古书中看到的地层剖面图，层层废墟堆叠，不同时代的遗迹在地底构成了千层酥一般的罗马。

小格灵光一现，或许可以对眼前的这张图进行"断代"处理，看看那些流失的高活跃度用户是老用户还是新用户。于是，小格再次写起了SQL代码，将"用户进组的月份"

作为一个维度提取出来。

借助新维度，高活跃度用户图被拆分成区分新增月份的DAU走势图，如图9-4所示。每一条曲线分别代表不同用户的新增量，曲线的颜色越深就代表用户越老，曲线的颜色越浅则代表用户越新。

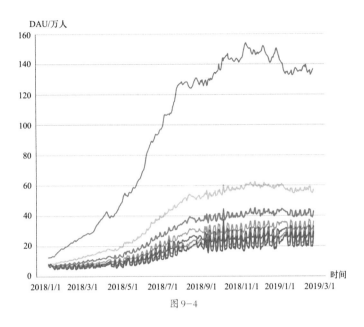

图9-4

上述将用户按照不同时期分层的技术就叫同期群分析。将所有曲线汇总，就是总体高活跃度用户图（见图9-3）。

图9-4令小格有了一个意外的发现。其实真正的拐点根本不是发生在去年12月，而是在去年6月就出现了。每一个同期群的高活跃度用户数似乎都在那时起遭遇了重创。

小格之所以一开始误以为拐点出现在去年12月，是因为恰巧在去年7~11月，小格的公司进行了很激进的市场投放，这段时间，新增用户数量的变大使得DAU虚高，掩盖了高活跃度用户的流失。就像涨潮时，没有人注意到潮水下的暗礁，退潮时，才发现早已危机四伏。

推理故事里，侦探经常由于被干扰而误判案件发生的真实时间。这个故事里，骤变的市场策略就是干扰项。而通过同期群分析横向剖开树干、细数年轮，我们可以具体看到哪一年雨水丰沛，哪一年干旱，以及它们各自对树的直径的具体影响。经过这番分析，小格更新了问题发生的真实时间，让各个部门的同事彻查当时的历史记录，揪出"没有不在场证明的嫌犯"。

大家仔细观察各个月份的进组用户后一致觉得，持续如此久的下跌，肯定意味着某个负面因素的持续存在。其影响的稳定性和范围之久说明这不是由某个突发的外部事件带来的，而是一个系统性危机，至今仍潜伏在线上。大家很快发现，去年6月的确有一系列针对内容垂类的扶持策略上线。这些策略的真实影响常常在局部的灰度测试和AB实验阶段观测不出来，但这些策略在全量上线之后的一段时间很可能带来意想不到的生态影响，如果不回头评估，就可能形成生态隐患，触发系统性危机。

所有人一致同意，要尝试对这些可疑策略一一做回撤（下线新策略，恢复老策略），观察去除掉这些策略后，留存率是否有抬升趋势。回滚进行了两周后，被证明有负面影响的策略被全面叫停。

1个月后，小格做了新的同期群分析，欣喜地发现，高活跃度用户数的绝对值开始增长，在市场投放明显缩量的背景下，DAU竟然还小幅回升。

小格庆幸自己没有放过对不正常现象的怀疑，而是好奇地拉开层层帷幕，揪出了隐藏的"巨怪"。

9.3 历史照亮未来——用同期群思维估计产品演进

小格的故事有一个美好的结局，但是现实中，相当多的系统性危机都指向一个悲剧性的收尾。它的难以避免，恰恰反应在"系统性"3个字中。之所以称某些危机为系统性危机，就在于其产生原因不能被归结为有限的几个具体原因。在很多场景下，系统性危机是由App的自身特点和用户心智决定的，我们即使发现了它也难以实现真正的扭转，对比有兴趣的读者可以看看下面的案例延伸。

案例延伸

同期群分析

同期群分析不仅是拆解系统性危机强有力的手段，还可以帮助互联网人归纳产品的底层特征，在产品的早期阶段更好地认识产品，找到宏观决策规律。

下面用一个简化的例子来看看什么样的App该走什么样的路线。

App1和App2是两款不同的产品，但受众相似。我们假设它们在发布后做了几乎一样的市场投放，自投放以来的每日用户新增量是几乎一致的。两个App的新用户走势可简化为图9-5所示的样子，前4天的投放效果最好，随着活动进入尾声，广告曝光量逐渐降低，每日用户新增量也慢慢衰减至1万人左右。

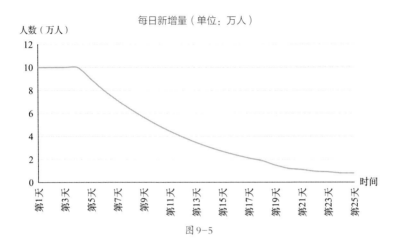

图 9-5

再来看看整体情况，在最初几天，两个App的DAU走势如图9-6所示。

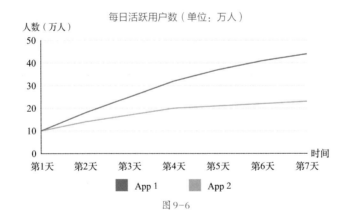

图 9-6

如果让你对这两个App进行一些战略规划，你会怎么回答以下问题：

（1）如何预测这两个App未来的DAU走势？

（2）有一笔新的运营费用，你打算怎么花它？主要用于新增还是留存？

我们总是习惯查看一个App的总体DAU和留存率走势，来判断它的健康度。但是，这两个指标其实更适用于用户结构稳定的产品。在这个例子中，两个App都处于早期阶段，市场投放力度大，每一天的新增用户占比、用户活跃结构都会发生剧烈变化。在这样的情况下，我们应该进行更谨慎的同期群分析。

首先，我们得搞清楚这两个App的留存情况究竟是什么样的。

经过对早期用户的计算和拟合，App1和App2的长期留存率曲线如图9-7所示。这两条长期留存曲线展现了新用户从下载首日到第N日的留存情况。App1的7日留存率（在第8天的留存率）是61%，这意味着如果第1天下载App1的人数是100人，到了第8天还进入App1的只剩下了61人。对比图9-7中的两条曲线，我们可以发现，虽然两条曲线都展现出对数函数的形态，看起来很相似，但App1的长期留存率稳定在50%左右，明显高于App2的长期留存率（稳定在10%左右）。

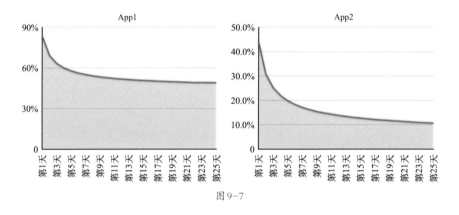

图 9-7

利用新增（见图9-5）和留存（见图9-7）做同期群分析，就是将每日新增的用户像用奶油抹蛋糕一样一层一层地堆砌到DAU上。App推广第3日的用户量，其实就等于第1日的新用户在2天后的留存人数，加上第2天的新用户在1天后的留存人数，再加上第3天的新用户的总量。以此类推，我们可以得到两个App从推广第1天到第25天的用户量累计图，如图9-8所示。不难发现，这两张图的包络线就是两个App的DAU走势线。

如果只看前6天的数据，我们难免对两个App都做出乐观估计。但是，通过同期群分析，我们可以看到，App1的用户量在最初几天经历了猛增，虽然之后增速放缓，但DAU依然不断攀升；但是，App2在经历了开场相似的用户量暴涨后，DAU仿佛越过山丘一般，转头向下。两个App的新增走势虽然一模一样，但因为在留存方面有一定的差异，DAU产生了明显的累积效果差异。（在这个例子里，出于叙述需要，作者故意假设App2的每日用户新增量发生了戏剧性的衰减，使得App2的DAU下跌来得早而急促，在第7天就发生了。但在现实生活中，一切不会发生得那么突然，风险会被繁荣掩盖得更久，更难以察觉。）

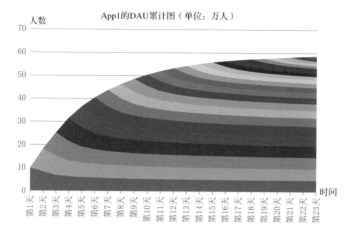

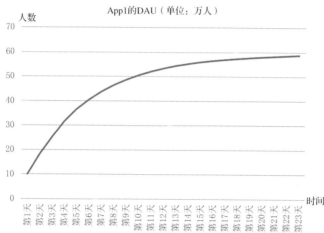

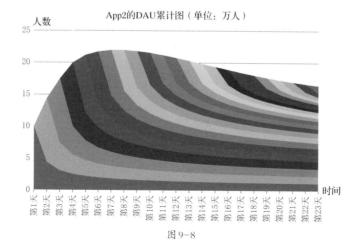

图 9-8

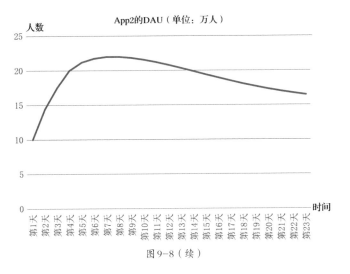

图9-8（续）

App2的走势在产业界并不罕见。而且在真实场景中，如果不做同期群分析和同类App对比，业务部门很可能会简单地将总体DAU的下跌解释成新增量的不足，并要求增加投放经费。这样的解释虽然不是完全错误的，但是非常片面。真正造成App2危机的是它"先天"就长留不佳。这种先天不足是一种系统性风险，增加投放经费只会延缓危机的到来，但无法阻止它。

当然，走势像App2的产品并不一定都会面临失败，如果它产生了病毒效应，则依然有可能获得很大的商业成功，比如"旅行青蛙"这款知名游戏。图9-9中，"旅行青蛙"的DAU走势像一条"过山车"式的曲线，教科书式地传达了如果新增奇佳、长留很差，App的DAU走势会是怎样的。"旅行青蛙"是一款直接导向支付的产品，在赢利上只进行单一回合博弈，虽然长留较差，倒这无碍它在经济上的成功。

那么如果有一笔新的运营费用，你应该知道要怎么花在刀刃上。App2的运营重心是实现留存率的大幅提升，或者索性主打变现，因为长留不佳的它需要在短时间内更快地获利；而App1的团队则更倾向于思考怎么快速扩大用户池。

初期采用免费模式的App，最好能在小样本阶段验证自己有不错的留存率，排除系统性风险，再进入耗资巨大的市场投放阶段，否则其可能存活不到开始赢利的那一天。不过，在现实世界里，我们见证了很多疯狂的案例，很多产品的大量投放都不建立在优秀的初期数据上，最后这些产品往往成了大家记忆中昙花一现的风景。

App2的短期收益冲刺策略和App1的长期战略一般不能互用。某知名电商公司收购了"旅行青蛙"中国版，作为其购物App的一个模块，希望这款游戏能带来持续而活跃的站内社交行为，并寄希望其能在营销活动上带来长期收益。但事后证明，"旅行青蛙"是一个标准的App2型产品，更适合在短期内拿回收益，不足以提供长期而持续的价值。

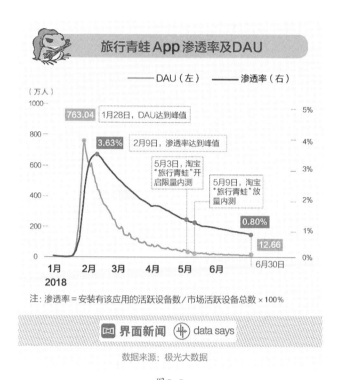

注：渗透率＝安装有该应用的活跃设备数/市场活跃设备总数×100%

数据来源：极光大数据

图9-9

这里的例子主要讲的是一个App的成败，其实，相似的逻辑还可以用来判断产品内某个功能的潜力。留存好的功能，会对产品有长期价值，值得高成本投入；留存差的功能，即使依靠"爆款"活动获得了很多的流量，其渗透率通常会在活动结束后跌回原来的水平，不值得对其投入过高的成本。

─── 第10章

初来乍到请多指教
——新用户留存优化

　　当我们想说服新成员加入自己的组织，或新用户使用自己的产品时，往往会进入一个磨合期，但大多数磨合期都不会比小说《黑暗的左手》里描述的那样更艰苦或更尴尬。在作者厄休拉·勒奎恩（Ursula K. Le Guin）的笔下，人类的使者飞往一颗叫作格森的星球，试图邀请格森星人加入星际大联盟，共享宇宙繁华。可万万没想到，这一友善的邀请行为持续了数年都没有成功。其中一个主要的原因在于格森星人和地球人有着截然不同的生理机能，由此产生了巨大的思想和社会文化差异。格森星人没有性别之分，只会在特定时间进入克慕期（类似动物的发情期）。在这个阶段，他们会随机变成男性或者女性，繁育完下一代后，又回到无性别的状态。这一生理属性使得格森星人在心理上更能共情彼此，在文化上更为和平，不知战争为何物。正是如此，他们对于星际联盟的关注点不在发达的科技上，他们比较在意人类的两性状态，认为人类一辈子都处于发情期，简直变态；由此出发，他们还感到人类社会充斥着很强的对立和不公，处处蕴含着暴力的种子，因此心生猜忌，迟迟不肯接受使者的邀请。

　　整本小说都在叙述这个磨合的过程。如果我们把作者奇绝的想象力收束回现实，会发现一个类似的窘境：我们在真心地向新用户推销自己的产品时，常会发现新用户对于这个产品的初始假设和我们预料的大相径庭。不了解新用户的思维习惯，只想着"大力出奇迹"是不现实的。小说中，作为使者的主角正是在充分体察了格森的风土人情和人类与格森星人的差异后，才终于领会了他们想要什么。他利用格森星人对于预言的迷信、重要人物对于克慕期恋人的怀念，以及两个国家的利益矛盾，抓住了一个绝妙的时机，最终使两个国家的权力结构同时发生变化，鸽派上台，促成了格森的加盟。在本章中，我们也将以此逻辑来解决问题，探讨如何研究新用户，并把握时机，结束磨合期。

10.1 "装修"过时了——新用户不再买账

"糖糖"是一个内容社区产品,产品定位是"打造轻快的生活方式",它主要传播美妆、穿搭、健身等内容,也拓展出了饮食、旅游和户外运动等相关内容垂类。

"都市丽人"这个词蕴含的意象是屡试不爽的商业灵药。"糖糖"的初期投放策略是在其他社交平台做内容外放。运营部门积极寻找着各大平台上的"都市丽人"博主,邀请他们在各自的频道做软广,为"糖糖"引流。"都市丽人"博主好看的面庞和穿搭有着神奇的魔力,可以让观看者沉湎于一个美好的幻境,随即下载"糖糖",仿佛 App 启动的那一刻,自己也手握了打开仪态万方之门的钥匙。

在早期,这样的投放方式经济又实惠。精准选择的博主也能够帮助"糖糖"获得匹配度极高的用户,营造良好的站内氛围。因此"糖糖"一开始就表现亮眼,很快在一个小群体里获得了好口碑,并拥有不错的用户活跃度。

有了初期的数据验证,"糖糖"的产品团队决定增加投放经费、拓展投放渠道,开始做一些效果广告,目的是扩大用户的触达范围和用户规模。

可是好景不长,随着投放力度加大,站外的用户不再那么精准,"糖糖"的新用户留存率急剧下跌,从原来的40%左右跌至30%。很明显,新来的用户对这个产品不怎么买账,像是进来瞅一眼装修就掉头走人的酒店客人。"糖糖"的产品团队呆望着跳水般的数据,开始了痛苦的思考,不知该如何挽救这个局面。

几乎所有的产品人都会进入这样的一个认知盲区:对手中的产品越熟悉,就会越难把握新用户。这就好比你带新朋友来到儿时的街道,你对整个街道了如指掌,感觉畅通无阻,但你的朋友很可能觉得晕头转向。此时,"糖糖"的产品团队还没从早期用户都认同自己的自我陶醉中清醒,依然有点懵,搞不懂究竟是什么使那些初来乍到的新用户感到厌恶,"糖糖"的"装修"过时了吗?

10.2 "装修"选址——新用户的兴趣点与方案分析

新用户留存表现差是"糖糖"面临的最大难题,因此解决这个难题被作为一个专项确立了下来。各个部门都抽调了一些人力来找突破点。时间和研发成本都非常有限,大家紧急开会讨论可能的着手点。这个项目就如同要重新修缮一个酒店,以更好地吸引新住客。

将装修款平摊到所有房间显然是非常不明智的，初来乍到的住客通常只会在显眼的几个位置逗留，比如大堂或者咖啡厅。但是，究竟将装修款更多地放在大堂，还是咖啡厅呢？这往往就会引发很多争议。在这个问题上，"糖糖"的产品团队也分成了两派，一派认为应该先专做兴趣页，即基于用户偏好而呈现的推荐流页面，如图10-1所示；另一派认为应该先主要做广场页，即编辑维护的站内优质和高热内容的展示页面。

图 10-1

两派都有各自的道理："兴趣派"觉得这个页面能让新用户快速找到自己的兴趣，有"宾至如归"的感觉；"广场派"认为，新用户刚进来，行为数据太少，推荐流很难做准确，不如引导他们看一些不同垂类的高热内容，让他们领略一下站内的丰富多彩。

从定性的角度看，这些道理似乎都说得通，看来只能寻求定量的解了。为了让这个争论获得在统计学上站得住脚的裁定，众人的目光落在了数据分析师小格身上。

虽然答案要得急，但对小格而言，这个问题并不复杂，甚至可以说是一种常规分析操作，即研究一下哪个页面的行为与关键指标更相关。这个问题的关键指标就是新用户的留存率。他要做的，就是回答"新用户来不来，与哪个页面更相关"这个问题。换句话说，他要找到新用户留存率与这两个页面访问情况的相关性。相关性分析在第5章做过具体介绍，在此不赘述。小格的相关性分析结果清晰地显现新用户的留存率，与访问兴趣页的相关性达到了0.75，而与访问广场页的相关性很低，只有0.26。看来短时间内吸引新用户更有力的工具应该是兴趣页，也就是说，更有希望正向影响新用户的留存率的方法是提升兴趣页的渗透率。

如何通过优化兴趣页来提升新用户留存率呢？不满足于只将"兴趣页"3个字作为答案，小格想要对兴趣页的布局给出更具体的建议。作为一个内容社区产品，"糖糖"的优化方向可以分解为环境、氛围、时间3个维度，多维时空图如图10-2所示。

不同画像的新用户使用某个产品时，会和产品的各个模块发生交互，此时，用户的体验至少包含以下3个维度。

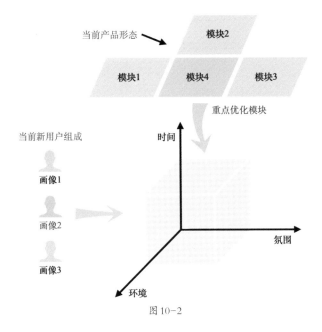

图 10-2

（1）环境，即兴趣页的布局、入口设计等千人一面的"硬装"。新用户需要感受到使用顺畅、功能理解门槛低、UI赏心悦目等，这部分的设计主要由产品经理和设计师负责。

（2）氛围，即兴趣页的内容、社区氛围等千人千面的"软装"。新用户需要找到适合自己的内容，这部分的设计主要由运营部门和算法团队实现。

（3）时机，即新用户适应新环境的"黄金期"。这个适应期要尽量短，用户从被站外广告触达，到下载App，进而喜欢上App的过程应一气呵成，不能让用户有摸不着头脑的徘徊期。

10.3 制定"施工"方案第1步——硬装和软装设计

在前文中，小格运用相关性分析的方法，确认了"施工对象"是兴趣页，接下来，他依样画葫芦，继续使用该方法，比照兴趣页内部的种种组件和留存率的相关性。兴趣页的示意图如图10-3所示。

到了这一步，可以拿来分析的指标会变得出奇的多，我们需要依靠经验，进行合理的指标筛选，把对推理无益的指标去掉，以减少之后每一步的工作量。举例来说，留存率肯定会和用户在兴趣页的稿件阅读数有很强的正相关性，又比如，那些点赞多、评论多的新用户次日留存率肯定是高的。这些天生就会与留存率强正相关的指标，对于结论推导而言没什么意义，可以通过预判事先排除。这个时候，分析占比类指标会更有意义，比如，用户浏览的某类内容在所有内容中的占比、某个动作在所有埋点中的占比等。

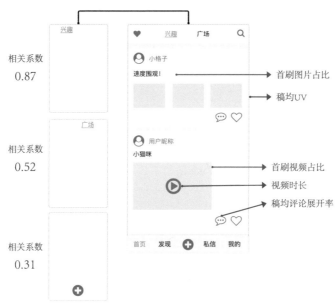

图 10-3

现在小格要把可能有用的占比类指标一一找出来。他抽样了近一周的新用户，获得他们在兴趣页的行为情况，重点关注了他们各自所看的品类占比、动作率等。

小格建立了一个几十栏的矩阵，在将各个变量和留存求相关性之后（相关性的计算方法见5.2节），他将相关性从强到弱做了排序，如表10-1所示，并有了一些有趣的发现。

- 发现1：对比内容展现占比，看图片和视频更多的新用户，比读了更多文字的用户更愿意留下来。

表10-1　各指标与留存率的相关性

指标	与留存相关性
视频展现占比	0.76
高热内容占比	0.68
图片展现占比	0.59
······	
作者头像点击渗透率	−0.19
文字展现占比	−0.27
文章评论区渗透率	−0.38
······	
登录弹窗展现渗透率	−0.74
请求延时上报率	−0.82

- 发现 2：相当一部分用户会在第 1 天不幸看到热度非常低的内容。看到这些内容越多的用户，在次日留存的概率就越低。

- 发现 3：首日流失用户中，遇到闪退、加载问题的占比极大，性能埋点的上报和留存率展现出了极强的相关性，不过这部分问题比较已知，且一直在艰难地解决中。

- 发现 4：流失用户中，被登录弹窗打扰的占比明显较大，其中，从兴趣页进入个人主页时出现的登录弹窗的打扰作用尤其大。在现在的产品逻辑中，只要未登录用户一查看自己的个人主页，系统就会自动展现登录弹窗，邀请他们完成注册和登录。但是事实证明，在用户还没有对产品产生足够多的好感的情况下，登录弹窗的反复自动展现反而会劝退用户。

10.4 制定"施工"方案第 2 步——窗口期定位

现在问题已经初显端倪，小格将已有的发现同步给了产品研发和推荐团队，但有一项工作他还没有完成，就是在该产品的多维时空图中，小格当前只考虑了环境、氛围这两个维度，而对于时间维度，还没有给出很好的优化建议。

新用户会花多长时间喜欢上这个产品？会在多长时间内决定是否退出产品？回答好这些问题，就定义了新用户体验优化的窗口期。这段窗口期就是产品团队实行策略的"黄金期"，他们需要利用实施时间不长于窗口期的策略抓住用户的心智。

小格打算先观察一下，随着进站时间越来越长，新用户对"糖糖"的态度会发生怎样的变化。

虽然知道进站时间跟留存率是强正相关的，但是该相关性肯定不呈一条直线，而通常呈一条曲线。小格画出的留存率和站内时长的相关性曲线如图 10-4 所示，随着进站时间的延长，新用户次日留存率增长得越来越慢。在这条曲线上，小格发现了一个拐点（对应的进站时间为 5 分钟，留存率为 30%），过了这个拐点，进站时间延长带来的留存边际增长就变慢了。那么"5 分钟"就可以作为新用户体验优化的时间节点，新用户进站后的 0 ~ 5 分钟就是实行策略的"黄金期"。产品团队需要使出浑身解数，让用户的站内停留时间达到 5 分钟，因为在这个"黄金期"内，用户停留越久，次日留存率提升的幅度就会越大（注意，这里只是通过相关性现象假设因果关系存在，体验优化策略对于留存率提升幅度的影响需要通过实验验证）。

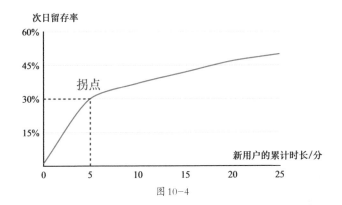

图 10-4

- 发现5：新用户首日的站内时间超过5分钟后，留存率会开始进入一个平缓增长的阶段，如图10-4所示。这说明愿意留下超过5分钟的用户，离开的概率就低了，所以应该重点优化新用户进来的头5分钟的体验。

至此，小格仍不满足当前的结论，因为他还不知道这5分钟里发生了什么，导致大批用户离开。

小格依次从内容的类型、长度和用户动作率来分析这5分钟内发生了什么。小格将用户对稿件的下刷次数作为横轴，稿件的内容品类占比作为纵轴，如图10-5所示，可以发现，当新用户眼前出现约第21个稿件的时候，稿件的品类比例开始趋于稳定，而刷到第21个稿件的时候，平均耗时大约就是5分钟，用户在这5分钟内刷到21个稿件，平均点开并阅读其中的3个稿件。

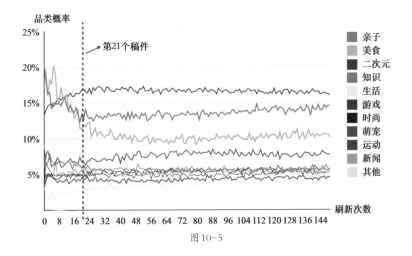

图 10-5

由此，小格又有了如下发现。

- 发现6：冷启动时，美食类内容推得太多了，而亲子类内容也没有算法预设得那样高热。对于这两类内容，用户越刷越少。

- 发现7：较短的稿件能让用户在一项内容上逗留不至于过久，并很快开始进行新的探索和点击，实现用户的兴趣收敛的时间缩短（也就是说，用户更多地表达自己的喜恶，产品就可以更快确定用户感兴趣的内容）。

于是，小格计算了用户点开稿件后，平均观看或阅读的时长，这个时长的中位数是69秒。为了进一步验证自己的发现，他进行了一次对照实验：将新用户分成两组，一组的首次阅读时长短于69秒，一组长于69秒，研究这两组用户兴趣收敛的速度。果然，他发现首次阅读时长较短的一组只需要3分钟就可以实现兴趣收敛。

小格还验证了一个类似的发现，如下。

- 发现8：新用户在短时间内做出的动作（如在进站头1分钟就点开稿件或点赞）越多，兴趣收敛就越快。

10.5 开始施工——上线优化方案

通过前面8个发现，新用户入场时的样子不再模糊，变得具体生动了很多，据此，"糖糖"的产品团队制定了一套优化方案。

维度1：硬装——交互

（1）弹窗治理：去掉一进入个人主页就会出现的登录弹窗，给所有的弹窗设定出现次数的上限，让用户的使用体验更好。

（2）点赞鼓励策略：在首页添加动效，如图10-6所示，即新用户首次进站后，会看到文章旁的"大拇指"图标轻轻晃动；做浮层文案引导，直接告诉用户，点赞后系统推荐的内容会更合其口味。

维度2：软装——内容

（1）提升新用户所见内容中图片和视频的占比。

（2）过滤掉热度过低的稿件。

（3）降低美食和探店类内容的初始占比。

（4）尝试分发浏览时长更短的稿件。

1. "大拇指"图标轻轻晃动

2. 做浮层文案引导

图 10-6

算法工程师做了一系列实验，调高了图片和视频内容的比例，确立了合适的热度阈值和稿件长度等，内容侧的4个行动方案都收获了留存收益。

产品经理和设计师尝试了加浮层文案引导提醒，结果发现用户的停留时间反而变短了，该提醒可能构成了一种对用户的干扰，因此，这个策略没有上线。不过，点赞按钮的UI样式改版显著提高了点击率，使用户的反馈更有效地回传给模型，从而实现更精准的算法分发，留存收益进一步扩大了。

如今，新用户进入站内，仿佛遇上了个脚步欢快的导游，移步换景之间搭配恰到好处的解说，让人更愿意一探究竟。

10.6 来时莫徘徊——让用户介绍自己

优化方案在一个月内取得了明显的留存收益，将各策略累积起来，新用户留存率大概上涨了2%，但是，依然与历史最高水平有一定差距，所以就此鸣锣收工为时过早。大家讨论起了下一步的行动方案。

- 产品负责人说产品性能还很差，需要增强。
- 主管产品性能的工程师则指出，在产品早期的时候，产品性能比现在还差，留存率却反而更高。

- 运营团队希望推荐团队再试试不同的品类比例，看看能不能为用户提供更佳的使用体验。

- 推荐团队则反驳现在再试都不会是"大招"了，因为运营团队引进的创作者水平整体不高。

场面一度混乱不堪，直到有个人跳出来把大家的观点全否定了："我们现在的思考角度完全不对，刚刚提的这些需求都是长尾需求，基本就是在微调了，指望不上。"这个人是用户增长运营人员小d。

被他这么劈头盖脸地一说，所有人一下子安静了下来。小d继续说道："我们要知道，这个事情的源头是什么？是因为投放扩量，新用户人群变得更多种多样了。我们的早期用户以女性白领为主，她们的喜好我们把握得很好。增加投放后，之所以留存率变低了，是因为新用户没有那么喜欢我们的产品。因此，我们现在不应该再讨论全局调整的策略，而是要弄清楚新用户的类型，他们喜欢什么。"

这番话一下点亮了所有人脑中的那一盏灯。当前的状况的确存在着新的复杂性：随着App用户数的增多，早期的新用户和后期的新用户存在很大的心理差异，如图10-7所示。一个App刚起步时，往往会先聚集一群画像相近、与产品匹配度很高的用户。他们往往表现出善解人意的一面：对App的包容度较高，也愿意积极探索各个功能。但随着App的逐渐发展，后期进来的用户不仅在组成上更为复杂，而且耐心较差，一点体验上的瑕疵就可能让他们离开。对于后者，光靠产品人的共情力难以捕捉他们挥手而去的所有核心原因。

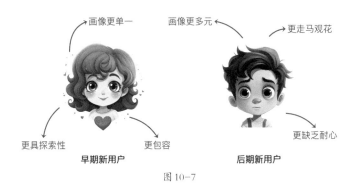

图10-7

那么什么样的新用户最容易感到初来乍到和不知所措呢？

首先，小格需要对比留存的新用户和流失的新用户的差异。

会后，小格将这两类新用户打包成两个人群包，放到数据管理平台（Data Management Platform，DMP）上进行画像分析。出于对用户隐私的保护，他无法确知单个用户的具体画像，但是可以知道整个人群包的用户结构。

经过简单的对比，他发现新用户中留存率最低的人群包括男性白领、户外运动爱好者、大学生群体、极限运动爱好者、中老年养生群体。因为后两个群体在新用户中的占比不大，所以当前应该优先挽留的就是男性白领、户外运动爱好者和大学生群体。

挽留他们是很有挑战性的，因为新用户刚刚进来时没有任何历史数据，模型无法绘制出他们的画像，不知道他们是男是女、是老是少。正因为不能够充分掌握他们的喜好，模型倾向于把所有新用户都当作站内的主流用户——女性白领。

因此，要解决新用户流失问题就不能全靠模型了。有一个简便方法就是直接询问新用户的性别、年龄等。但这个方法很可能让新用户觉得隐私被窥探，从而产生更强烈的不适感。因此更合适的方法是先让新用户点选喜欢看的内容，然后用模型绘制他们的画像，把他们带到合适的落地页，这就是"兴趣弹窗"，如图10-8所示。

图 10-8

经过新一轮的分析，小格建议把特别能区分出低留存率群体的标签放到最明显的位置，比如户外运动、校园生活等，让对应群体能够快速找到，进而使对应群体被模型快速辨别。相反，像美食这样的标签，老少咸宜且内容占比大首几屏必出，可以不用展示，因为对区分人群的作用很小。

画像分析的方法论其实在用户的全生命周期都非常有用，我们在进行用户流失分析时还会遇到，到那时将会更深入地了解怎么针对某个用户做差异化的产品开发。

第11章

唤醒沉睡的人
——流失和低活策略

你是否认为，假如世界上没有恐怖和阴暗，也就不会有英雄？这个"正邪相依"的逻辑确实存在于几乎所有的犯罪片中，主角之所以能获得英雄的称号，非常依赖坏人干坏事在前，否则他们就没有用武之地了。但是，小说《少数派报告》的作者菲利普·迪克（Philip Dick）打破了这一逻辑，设想了一个坏事滋生之前就能被铲除的世界，借助一个犯罪预测系统，英雄们只有在罪案发生前就将坏人抓获，才算捍卫了自己的英雄称号。

《少数派报告》的原著完成于1956年，其中描述的犯罪预测系统由3个具有预知能力的仿生人组成，这有很强的幻想成分。2011年，电视剧《疑犯追踪》的编剧乔纳森·诺兰（Jonathan Nolan）设计了一个更具"现实主义"的犯罪预测系统，即在对人们进行监控、获得数据后，由计算机整合大数据并依靠人工智能预测出潜在受害者和加害者的身份信息。

这两部犯罪片对我们有特殊的启发，当我们在进行用户流失分析的时候，经常考虑的是在用户流失以后如何将他们召回。事实上，当用户去意已决时，推送、发私信等都如同竹篮打水。做用户流失分析的真谛在于识别用户流失前的特征，推理出用户可能离开的原因，在还能有效触达用户的时候就铲除掉他身边的"邪恶势力"。

11.1　用户在悄悄沉睡——发现和界定流失问题

"我们的MAU怎么不涨了?!"副总裁在汇报会上悍然发问。

"但是用户新增人数还是在涨的。"运营负责人指着艰难爬升的用户新增人数趋势图回答道。

这是"哈哈直播"团队的周会。明眼人都知道用户新增人数涨、MAU不涨意味着什么，这说明新用户每天都在涌入，但是老用户在静悄悄地流失。

在会议室的低气压氛围中，大家讨论起用户流失的问题，围绕着召回手段献计献策。秀场直播的运营负责人心生一计："我们要先不把高价值的流失用户筛选出来，将他们一个一个打电话召回，召回效果肯定好！"在场有几个人附和，表示这个方法的性价比应该还不错。但是，游戏直播的运营负责人听罢，一脸嫌弃地评论道："你这个方法的规模性也太差了吧，我们还是一个科技公司吗？"立刻又有好几个人点头称是。

众说纷纭之际，推荐负责人也说话了："说实话，我觉得召回反而是次要的方面，更重要的是防止流失。用户又不是睡美人，不会这么容易就被喊起来了。我们先别一上来就埋头搞召回，应该先确定一下谁在流失？为什么流失？我觉得不同的用户流失有不同的原因。我们搞清楚原因后，先看看怎么防止流失，不然等到真要靠召回的时候就晚了。"

每当这种经典的问句出现的时候，就是数据分析师要"接单"的时候。

小格知道自己要上场了，此时，坐在会议室的他已经打起了腹稿，思索起怎么围绕上述讨论制定分析大纲。

11.1.1 根据活跃度变化划定流失用户

"哈哈直播"团队的传统做法是，将连续28天不活跃的用户界定为流失用户。为了统计和监控，这样划分没有什么大问题。但是如果要专门研究用户流失问题，将用户按照连续活跃天数一刀切地划分为流失用户和未流失用户，就有几分粗暴了，仿佛流失用户都是没有先兆地突然消失一般。

为了动态区分用户是长期低活，还是处在从高活到低活的"失活"前夜，小格根据用户的活跃度，将流失风险人群大致分成如下几个类型（如图11-1所示）。

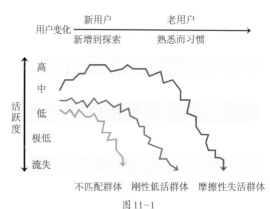
图11-1

（1）刚性低活群体：这类用户长期处于低活状态。这类用户可能受到自身特点或外部因素的影响，没有大段时间地使用App，或觉得App提供的功能只满足了自己的部分需求，不足以让自己产生足够强的依赖性。针对这一群体，产品改进时往往需要采取更多的顺应性策略。在这个案例中，小格将最近连续3个月活跃度极低的用户划分为刚性低活群体。

（2）摩擦性失活群体：这类用户可能有过高活跃期，但是在站内遭遇了某种"摩擦阻力"，比如某些负向体验，或是体验长期没有进一步优化，从而产生厌倦感并最终离开。小格将3个月内曾经属于过高活跃群体，但最近1个月滑入"低活跃"区域的用户划定为摩擦性失活群体。

（3）不匹配群体：这是指下载App不久后就处于流失边缘的群体，通常意味着其需求基本未被满足，或其觉得App难使用。

针对不匹配群体和新用户群体的留存策略有较多相似之处，读者可以参考第10章的内容，本章不单独讨论针对这个群体的优化手段。但值得注意的是，实际操作时，不匹配群体常常成为差异化策略的作用盲区，因为这部分用户既不会被判定为新用户，也常常被针对老用户流失的策略所忽略。对于这样的情况，在制定新用户策略时候，最好不要给新用户下过于严格的定义（比如很多App只将首日激活用户视作新用户，只针对其首日和次日体验做优化），可以适当模糊新用户的界限，将不匹配群体也涵盖其中。

这3类群体的流失心智和被换回的手段往往大相径庭，本章重点叙述针对刚性低活群体和摩擦性失活群体这两个群体的策略。

11.1.2　根据画像角色划定流失用户

对于极少数的产品，比如一些具有工具属性的App，用户的使用动机相对一致、站内人群的行为共性很强，流失策略可以统一实施。但对于具有平台属性的产品而言，用户的使用动机和行为轨迹往往不同，即使我们已经把流失风险人群拆分成了上述3类，也不可以直接开始制定挽留策略。目前，根据活跃度划分人群只是在统计学上做的初步区隔，下一步是研究流失风险人群究竟是哪些人，他们各自有怎样的故事。

如果区分流失类型是在绘制流失分析图的y轴，那么用画像来划定用户则是在绘制x轴，x轴和y轴交叉绘制即可得到流失用户的细分结果。

用户画像划分通常有两种常见方法，其各自的优劣势见表11-1。

对于"哈哈直播"而言，大家在实践中发现，聚类是更合适的描述用户的方法，并且运营团队和推荐团队一同制作开发了一套在线运行的聚类打标体系。

表11-1　用户画像划分方法及其优劣势

	用户属性匹配	聚类
方法	按照人口学特征做规则划分	结合用户的属性和站内行为，运用机器学习技术进行划分
优势	操作简单直接、标签易于理解	能考虑更丰富的用户特征，实现一个用户只被划分进一个群体，概括性强，分析时不会维度过多
劣势	会把一个用户划分进多个群体，造成分析时维度过多、交叉比对烦琐	操作更麻烦；依赖主观判断打标签，划分标准容易模糊
择优方式	(1) 选择更高内聚低耦合的方案：划分完成后，群体成员的行为和活跃度很相似，群体之间的各项指标差别大。 (2) 选择划分结果更稳定的方案：画像标签应是这个群体的稳定特征，比如不会轻易改变的人口学特征，群体间的用户流动概率低，这样可保证差异化策略长期有效	

为了理解和使用方便，运营团队给每个聚类起了个名字，比如，某个聚类的核心特点是喜爱游戏直播，这个聚类就被称为"游戏群体"；而喜欢看秀场直播、人均充值金额高、直播间内动作率高的聚类就被称为"打投打赏类群体"。以此类推，还有"电商偏好群体""长尾兴趣群体"等。

至此，从流失类型和用户画像两个划分角度，我们将用户群体进一步细分了出来，如图11-2所示。

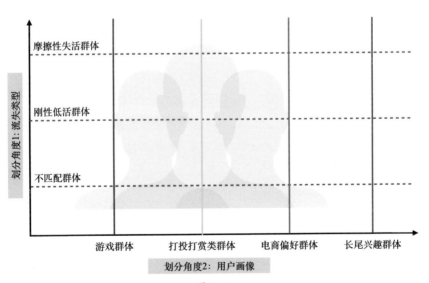

图11-2

11.1.3 确定优先唤醒用户

流失类型和用户画像已经拆解完成，在统计了各类流失用户的流失率和流失量后，哪类流失用户流失最快、影响最大的答案跃然纸上。对"哈哈直播"而言，主要是以下两类流失用户。

（1）"刚性低活－围观型"用户：他们是一群会偶尔造访直播间，却几乎从不打投、互动，只是围观的用户，流失率很高，需要重点优化。

但小格发现了一个问题，刚性低活－围观型用户数几乎占了站内用户数的1/3，这类用户不活跃的动机应该仍有差异。因此，小格将刚性低活－围观型用户单独拿出来做了进一步聚类，并拉运营团队的同事一起观察了各群体的特征，最后定义了两个子群体。一个子群体的平均年龄偏低，常进入的直播间类型包括一起自修、经验分享、英语学习等，小格称其为"学习型的围观用户"；另一个子群体的设备机型价格偏低、款式偏旧，小格称其为"低付费意愿型的围观用户"。

（2）"摩擦性失活－打投打赏型"用户：他们是一群会打投打赏，但是活跃度从高处猛然下降的用户。虽然这类用户的流失量并不大，但是流失占比有扩大趋势。而且，这类用户是人均充值额度最高的，是站内的核心用户，他们的流失对于站内收入和氛围的损害较大，所以也需要重点优化。

分析到这一步，小格才建立了比较合理的角色粒度，如图11-3所示。

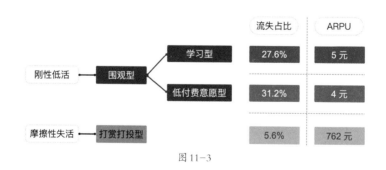

图11-3

11.2 找到困意的源头——从动机出发改善流失

此时的小格已经区分了不同类型的"受害者"、获得了关键人物的信息、定位了主要"案发地"。接下来，他要通过还原"现场"，推理"受害者"的真实诉求，并思考可能的流失预防手段。

11.2.1 针对刚性低活–围观型用户的策略

小格将学习型的围观用户和低付费意愿型的围观用户做成人群包，上传到自动化分析平台上，通过维度和条件筛选，观察两类用户在站内行为上的特点。

有的时候，行为直接反映动机，而有的时候，从行为推理到动机还需要拐一个弯儿。

1. 学习型的围观用户

学习型的围观用户的平均年龄是 19 岁，在他们收看的直播中，除了秀场直播和游戏直播之外，自习陪伴直播和知识类直播比别的用户要多。此外，这些用户展现出明显的"周中不活、周末活跃"的特点，这一特点与学生的作息基本吻合，小格猜测这批用户可能以高中生和大学生为主。

小格抽样了学习型的围观用户关注的主播的开播情况，发现一个显著的现象，即一定比例的知识类主播都选择只在周末开播，这很可能是因为这些主播感知到了学生作息的规律，从而顺应了这一规律。甚至有一些课程类主播会选择只在周末的某一天开播一次，而下一次开播则是 7 天后的同一时间。

这一低频开播的现象不太符合大部分主播的趋利动机。小格猜测，可能是课程类主播敏感地觉察到直播间观众一旦错过了某一节课，后续的弃课率和取关率会比较高，于是，他们选择从长计议，低频开播，以保持观众的长期黏性。

很明显，以上这些开播习惯会愈加强化学习型的围观用户的"周中不活、周末活跃"的特点，从而不断拉低整体用户的平均活跃度。小格觉得可以予以适当的干预和引导。

虽然学生的"刚性"作息规律很难被打破，但小格仍想摸索出一些新的规律，便采用了"正负样本法"。

小格圈中大概率同样为学生，但是活跃度较高且在周中也活跃的用户，作为"正样本"，研究他们都在看些什么，以此反推"负样本"的情况。

他很快发现，会在周中看直播的学生，很多都在早间活跃，直播间类型集中体现为外语口语类、语文类和时事评论类。于是，小格有了以下猜测：

（1）很多学生都有利用清晨培养语言记忆的习惯，或是利用碎片时间了解一下新闻，早上的直播可以成为他们途中、吃早饭时的一个不太费力的陪伴；

（2）语言类、时事评论类直播的内容没有很强的逻辑连续性和课程般的体系性，即使错过几场直播，学生也不会产生很强的受挫心理；

（3）早间的教辅产品的购买转化率似乎挺高，可能这个时间段是大家最易燃起熊熊斗志的时候，电商运营或许可以充分满足一下这种心智。

2. 低付费意愿型的围观用户

再来看看低付费意愿型的围观用户。

首先，他们在画像上有这样一些特点：

（1）处在四、五、六线城市的比例较大，拥有安卓系统的设备占比大、机型偏低端；

（2）很多用户会在某个秀场直播间停留较长的时间但是不参与打赏；

（3）长期而言，他们对特定主播的忠诚度并不高；

（4）更有意义的发现是，对于这部分用户，每个月最后一周的日均活跃人数总是明显少于前几周。

对此，小格猜想：

（1）现在直播间里最便宜的礼物可能对这些用户而言也太贵了，打赏门槛太高，使他们无法参与与主播的互动，因此他们总是在静静围观后静静离去；

（2）互动的缺乏使他们获得不了主播的互动激励，对特定主播的忠诚度很低；

（3）出于相同的原因，某个月最后一周活跃度显著下降很可能是因为这些用户的手机流量不够了，他们为了省流量费而减少了对"哈哈直播"的使用。

这种受经济水平约束的低活跃现象也具有"刚性"，平台无法从源头解决用户的经济问题，只能尝试顺应用户的特点。

小格觉得至少有两种解决方案。一种方案是"降低门槛"，即免费赠送礼物券、提供免流量套餐；另外一种方案就是"寻求替代满足"，即定位不受经济水平影响的其他满足点。

后一方案的实施需要依赖更深入的数据分析。小格的研究思路依然是采用"正负样本法"，看看画像相似的用户中低活和高活用户的最大区别是什么。

他发现，在来自四、五、六线城市或乡镇，同时使用低端机的用户中，如果看本地、本省的主播越多，其活跃度就越高。这背后的一个原因可能是，这类用户的地域特征明显、本地归属感强、老乡意识浓厚，用户与本地、本省的主播之间能够形成一种天然纽带。相比专业主播的直播间，这类本地、本省的直播间的社交属性更强。

出于好奇，小格抽样了一些直播间，自己进去看了一下，发现有一类很具特点的直播间，即行业直播间，它们由建筑工人、运输司机等不同职业的人在工作间隙开播。这些主播会设置类似"带老乡一起看看我们的工程！""不跑车的时候可以一起聊聊天！"的个人签名，直播间充满着打工人的共鸣或某种猎奇气息。

这类直播间鲜有人刷"超跑"等较贵的礼物，但是互动气氛也不错。这类直播间的内容和大部分用户喜欢看的高热内容有很大的差异，这些内容属于小众内容，不太容易被初来乍到的新用户立刻看到。小格认为，帮助可能想看这类小众内容的新用户快速获得符合其喜好的推荐流，将具有重要意义。

最后，针对上述两类刚性低活–围观型用户，小格提出了一些优化建议。

针对学习型的围观用户的优化建议如下：

（1）提升早间外语类、诗词类和新闻类等直播节目的占比；

（2）在周中推出"答疑课"等延续性不强、观众可选参与的碎片化直播内容；

（3）优化课程类直播开播通知的触达情况，防止观众因为错过某一节课而放弃学习整套课程。

针对低付费意愿型的围观用户的优化建议如下：

（1）尝试降低打赏门槛，增加免费礼物的多样性；

（2）与运营商洽谈针对"哈哈直播"的免流量套餐；

（3）为主播添加地域、行业标签，以加大对本地主播、同行主播的推流。

11.2.2　针对摩擦性失活–打投打赏型用户的策略

针对摩擦性失活–打投打赏型用户，分析重点是找到"受挫点"，即压死骆驼的最后几根稻草究竟是什么。

老用户受挫点的研究依然可以借助"正负样本法"，即对比摩擦性失活–打投打赏型用户内部的失活用户和持续活跃用户，看两者有什么经历上的差异。

小格计算了这两类用户的核心动作占比、所看直播类型的差异，结果令人失望，两者差异不大。这种僵局小格经历了不止一次——教条性手段受阻了，又是需要"找感觉"的案子。小格索性自己看直播，随机抽取了一批高活打投打赏用户的历史观看记录，去相应直播间看了半个小时，又随机找了一批失活打投打赏用户的历史观看记录，去相应直播间看了起来。

很快，小格隐约发现：失活用户所看的主播中挺多名气比较大，小格也认识；高活用户所看的主播中，小格认识的反而较少。

对此，小格的一个初步猜测是，失活用户所看的主播更加偏头部主播，而高活用户则更关注粉丝数没那么多的腰部主播。他立刻通过自动化分析平台获取了相关数据，果不其然，高活用户所看主播的人均粉丝数是 10.24 万，而失活用户所看主播的人均粉丝数为 78.32 万！

头部主播的直播应该更好看啊，为什么看头部主播多的用户反而活跃度更低呢？

小格忽然想到：如果一个主播的粉丝数多，那么他直播间内的同时在线人数也会多，对于喜欢打赏的用户而言，每次打赏获得主播回应的概率会更低；而对于喜欢看粉丝数较少的主播的用户，其在每次打赏后，有更大的概率被点名感谢，互动体验好了，留存率也就高了。小格还发现，头部主播直播间的单位时间打赏人数约为腰部主播直播间的 15 倍，这样头部主播就难以通过高频互动做出腰部主播那样积极的反馈。

以上猜想虽然尚未被验证，但获得了运营团队的积极响应，大家在讨论之后，决定相应地推出以下两种策略。

（1）在直播广场，尝试给有失活风险的用户推荐更多的粉丝量较小的主播；此外，尝试列出一个互动性好的主播名单，定时推送给有流失风险的用户。

（2）在主播侧的 App 交互界面，强调流失风险用户的存在感。如果某个用户被算法判定为高流失风险，他们名字的曝光时间将更不易被挤占，他们送礼物的信息会更易被主播看到，这样做可以让这些用户有更高的概率被主播点名和互动，收获惊喜。

两个月后，诸多策略纷纷上线了，整体取得积极效果。

产品团队要比用户自己更早地意识到他们可能要流失，并提前实行流失策略。

像"你确定要退出吗？"这般的挽留弹窗有一定效果，但是过于生硬，仿佛是懒得改良产品只加强了营销话术。真正好的流失策略是围绕产品体验的改良而制定的，能在用户感知不到策略存在的情况下，消除流失风险。正如《少数派报告》和《疑犯追踪》里的主角们，虽然是惩恶扬善的真英雄，但不是众人皆知的明星，可谓是神人无功、圣人无名。

第12章

小径分叉的园区
——路径分析

有一个有趣的定律叫作"斯蒂格勒定律"（Stigler's law），由美国统计学家斯蒂格勒提出。经过严谨的考究，他指出：那些以人名命名的定理，绝大多数都没用最早发现者的名字。这对于早期发现者无疑是残酷的打击，更为残酷的是，这个定律在商业界也广泛地成立：一些知名的发明或产品未必是先行者，甚至不一定采用了最佳设计。其中一个经典的例子就是大家熟悉的键盘。从使用均衡和打字效率的角度来说，键盘的字母排列有更好的设计，但是，最终得到普及的是不算最优的"QWERTY"键盘（见图12-1）。在社会学术语中，可用"路径依赖"来解释斯蒂格勒定律，一个制度或技术开始发展之时会受制于很多既定因素的影响，仿佛行走上一条被框定好的路径，难以轻易跳脱出去。历史条件和大环境的适配会使得欠佳方案获得"偶然性"的成功，而将"最优解"抛落在烟尘里。

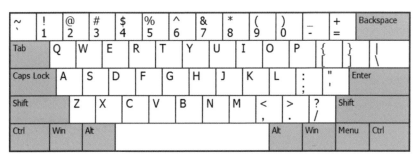

图 12-1

大多数设计师都会希望产品遇到好的"路径"而"起飞"，而不是被糟糕的"路径"绊住。的确，"路径依赖"是产品设计是否成功的重要外因。但是，天才的设计师会尝试将外因转化为内因，并作为设计理念之一加以实践。

下面以一个经典的例子具象地说明将"路径分析"作为产品设计理念是怎样实践的。

沃尔特·格罗皮厄斯（Walter Gropius）是现代主义建筑学派的奠基人和包豪斯

（Bauhaus）学校的创办人之一。享誉世界的他曾被邀请设计迪士尼乐园。梦幻般的城堡和游乐设施造好了，但园区的路线规划迟迟未定稿，因为格罗皮厄斯不确定什么样的路线是最能展现乐园风采的。完美主义的他反复修改了50多次，耗时过久，以至于施工部不断地发电报催促。心烦意乱的他来到法国南部的乡间兜风，在那里，他途经了一个葡萄园。园子的主人是一位老太太，她允许人们将钱投入箱子中，然后自行进入葡萄园采摘。葡萄园被游客踩出了自然的路径，此情此景启发了格罗皮厄斯，他立刻发电报给施工队，建议为整个乐园铺上草坪。半年后，草坪被游客踩出了路径，格罗皮厄斯让人依照这个路径铺设道路。如此得来的园区路线不仅与游客心意相符，而且优雅自然。在1971年的伦敦国际园林建筑艺术研讨会上，该园区路线设计被评为世界最佳设计。

这不仅是一个让人会心一笑的"偷懒"小故事，其实吻合了格罗皮厄斯长期坚守的设计理念。他曾经说过，自己绝不形式地追求"风格特征"，而是跟随不断发展的社会、顺应生活的变化而改变表现方式。

格罗皮厄斯的观念代表着一种"路径依赖"的产品世界观，与闭门造车的产品世界观形成了鲜明的对比。两者的差异见表12-1，示意图如图12-2所示。

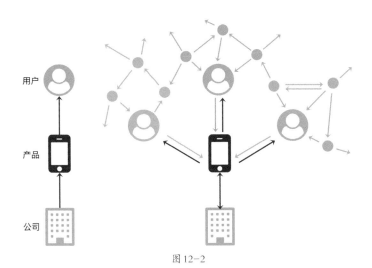

图12-2

表12-1 闭门造车的产品世界观和"路径依赖"的产品世界观的差异

闭门造车的产品世界观	"路径依赖"的产品世界观
1.公司、产品、用户间存在明确的上下游关系	1.决策者之间的影响是多向的
2.用户是被动接受的个体，是最终受力方	2.用户既是受力方，也是施力方

闭门造车的产品世界观	"路径依赖"的产品世界观
3.用户对产品的认知直接来自产品本身	3.用户的认知在更大的社会网络中形成
4.用户画像单一	4.来自不同网络的用户有各自的画像

通过"路径依赖"的产品世界观，我们可以看到，再好的产品也只是庞大社会网络的一个节点，用户的绝大多数行为模式、思维习惯都在更大的生物、社会、经济系统中塑造好了。与其让用户迁就新的产品，不如在一定程度上理解他们的习惯、改良产品，创造适宜的外部条件，使产品拥有更高的环境适配度。接下来要讲的路径分析是产品人理解用户的常用方法之一，能够很有效地提升产品－市场匹配度。大家会看到迪士尼乐园的故事是如何在互联网领域再现的。

12.1 "阵地战"打响——抵御产品"粉圈化"

"魔石"App是一个财经类知识付费产品，如图12-3所示。与市面上很多轻知识内容社区不同，这个App主打一种叫"结构思考力"的理念，希望人们能够静下心来，把一个领域的知识从主杆学到树杈，而不是摘几片树叶了事。"魔石"的用户可以先参与免费测试，了解自己对经济领域的知识的掌握程度，测一测自己的"财商"，然后开启适合自己的学习之路，课程形式包括视频课、音频课、小游戏和交互练习题等。

"魔石"的创始人Q是金融业的资深人士，依赖其声望，"魔石"最早的课程都由相关领域的知名学者一手参与设计，可以说个个都是精品。大量用户很快涌入"魔石"，不出意外，几个课程成了"爆款"，学员众多，购课率极高。

可惜"魔石"的辉煌期并不长。虽然早期用户得来容易，但这个App几乎沦为了一个粉丝站或"大V"们的个人官网。包括创始人Q在内的创始团队与"大V"们的谈判筹码变得越来越轻，"魔石"的很多功能几乎在面向一只手数得过来的内容创作者定制开发，这与"魔石"要成长为结构化知识平台的理想背道而驰。

Q眼看着自己快从CEO变成粉丝站站长了，于是意欲大刀阔斧地改革，夺回主导权。运营团队群策群力，开发了更具多样性的课程，邀请了更多从头部到中腰部的内容创作者。除了通过几个金融界知名人士带领大家在股海沉浮以外，"魔石"的运营团队希望用户也能够广泛地接触到宏观经济、金融历史、公司决策、科技等领域的知识。

随着内容的多样化和去中心化，一件可以预知的坏事发生了。用户变得不再轻易"亲其师，信其道"，站内留存率和购课率都显著下跌。数据仿佛一夜回到了原点，本来认为形势一片大好的产品团队，仿佛突然被拖入了加时赛，得咬紧牙关保卫阵地。

面对如此惨状，数据分析师小格被大家一把推了出来。

知识付费产品与内容平台类产品有一个很大的不同点，后者往往充斥着大量相互独立的视频和图文，用户在单一内容上停留的时间不一定很长，因此主要发力点在于分发调优，也就是怎样将合适的内容匹配给喜好各异的人，如图12-4所示。而对于前者而言，用户会在单个模块上持续停留，投入大量的时间成本，因此主要发力点在于内容本身的设计。

图 12-3

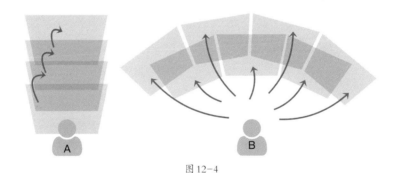

图 12-4

怎么做出好的内容设计呢？小格一下子被这个问题难住了。但仔细想想，一个用户的学习习惯是从小养成的，如果逼迫用户改变他们的习惯来与站内课程磨合，只会很快把用户逼走。所以，小格首先需要做的就是摸清楚大多数用户的消费偏好和学习习惯。

12.2 找到得分点——定位用户关键动作

小格打算进行路径分析。但是这个方法如同体育赛事的慢动作回放，回放整场比赛是非常不现实的，所以首先需要定位关键得分点和失分点，再重点分析该时间点以前的技术得失，如图12-5所示。

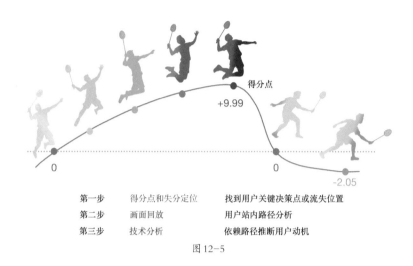

第一步	得分点和失分定位	找到用户关键决策点或流失位置
第二步	画面回放	用户站内路径分析
第三步	技术分析	依赖路径推断用户动机

图12-5

那就先来做第一步，看看用户主要在哪些位置离开吧。对于课程类产品，漏斗分析很重要，小格通过监控看板很快定位了站内最容易把用户逼走的几个转化节点：课程简介转化率、购课页查看率购课率等。它们的计算公式及发生转化的入口位置如图12-6所示。这些转化节点在用户选课的路径上层层递进，各层的转化率形成了一套"漏斗"关系。针对漏斗分析的情况如图12-7所示。漏斗的每一层都有大批用户离开，总是有那么一些学生，过师门而不入、入了又浅尝辄止的。

提升这几种指标的传统手段一般有两种：一个是"大嗓门喊人"，包括新课程站外广告投放、新课程提醒等；另一个就是发福利吸引关注，比如发新课优惠券、下单和复购返积分等。

这些手段本身没有大问题，但都是无差别地把人拉进来，因此在小格眼中，有些过于机械主义。在对用户没有很好的了解之前就采用这种简单粗暴的策略，就如同把堵塞的漏斗强行炸开，可能有一时之效，但如果不搭配"因材施教"的课程设计，用户依然会很快离开，甚至会形成对产品的负面口碑。

所谓"治大国若烹小鲜"，很多事不能一上来就"大火快炒"，做产品也是如此。小格打算先搞清楚存在问题的原因，接着顺应用户习惯，采取渐进的引导方式，把精力花在内容的改版和修正上，包括优化站内路径、调节课程难易度等。为了对摩擦力进行深入定位，针对关键节点的路径分析出场了。

图 12-6

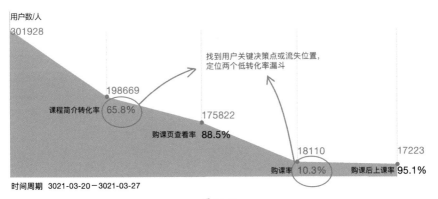

图 12-7

12.3 画面回放和技术分析——围绕关键动作的路径分析

接下来，小格针对已列出的主要得分点一一做画面回放，并分析用户不转化的原因。

12.3.1 优化课程简介转化率

1. 针对课程简介转化率的路径分析

首先检查那些来到首页就立刻丧失兴趣的用户。有34.2%的用户在进站后没有看过任何课程的视频简介，这部分用户的次日留存率为5%，而另外65.8%看过视频简介的用户，次日留存率可达67%。小格认识到，"视频播放"是一个产品开发者和用户的关键博弈点。他需要搞清楚的是那些不看视频简介的用户在进站后有什么样的心路历程。

体育技术分析非常依赖对关键得分点的画面回放，通过研究埋点做路径分析就起到了类似的作用。小格的第1步就是清除画面回放中的无效信息，因为真实的埋点上报日志可以说看起来杂乱无章。事无巨细地展现埋点、性能埋点、各类请求和返回数据，只能白白消耗数据分析师的精力。因此，小格整理出了一个"大事件"清单，如图12-8所示，里面包含他认为有必要看的所有关键埋点，主要包括视频播放、点赞和弹窗展现等。具体的整理思路在第10章中已经谈过，在此不重复叙述。

事件名称		用户手势		发生页面	
事件名：event		参数名：gesture		参数名position	
video_start	视频开始播放	click	单击	home	首页
				intro	课程简介页
				collection	收藏页面
				shared_page	分享回流页
				……	
like	点赞	click_button	点击"点赞"按钮	video	视频播放页
				intro	视频简介页
				……	
		double_click	视频双击点赞	video	视频页
				……	
intro_enter	进入课程简介	click	单击	home	首页
				teacher_profile	教师介绍页
				……	
login_popup_show	登录弹窗展现	—	—	home	首页
				user_profiole	用户主页
				……	

用来筛选的事件名称

图 12-8

小格锁定了目标用户是那些一个视频都没看过就走了的用户，定位到他们离开App的时间点，再以"大事件"清单为筛选器，往前追溯，将反复上报的埋点去重，观察用户在离开前的两步都做了什么。

在做埋点路径分析时，通常只研究"关键得分点"前两步的埋点就够了，这主要有两个原因：一个原因是越往前的动作与关键事件的相关性会越来越弱；另一个原因是用户站内行为具有多样性，前两步的排列组合就可以生成繁多的路线图，如果再往前推演，组合之多会彻底令人应接不暇。

按照比例，小格理出了最主要的几条路径，如图12-9所示。其中有3条路径和一个现象，小格认为很重要。

（1）路径1：下滑操作－搜索－离开。

（2）路径2：有视频播放请求但未实际播放视频－离开。

（3）路径3：进入作者介绍页－离开。

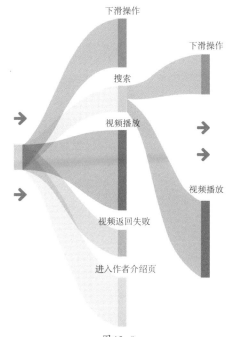

图 12-9

小格还不忘做正负样本分析（"正负样本法"在第11章中介绍过），将"不看视频组"与"看视频组"分别归为正样本和负样本，对两组做对比，发现"看视频组"有明显的下滑行为，因此小格有了一个新的怀疑方向：现在的UI让一些新用户不知道可以下滑。

2. 提升课程简介转化率的方案

以上几点是小格在第一个低转化率漏斗"课程简介转化率"上定位到的高摩擦力点，他对应地给出了如下策略。

（1）针对"下滑操作－搜索－离开"路径：这一路径很好理解，用户在浏览了一些课程缩略图之后，觉得没有看到自己想看的内容，于是就抱着探索的心情进行搜索。那些从搜索结果页离开的用户，一定是大失所望的。针对这个问题有两种解决思路：搜索团队会研究用户搜索的内容站内是否存在，但是没有精准地推到特定用户面前；运营团队则会统计用户究竟在搜索些什么，是不是有值得开发的新内容品类引入站内。

（2）针对"有视频播放请求未实际播放视频－离开"路径：这表明存在视频加载问题，小格进一步看了一下，视频加载问题主要集中出现在相对低端的机型的用户在非Wi-Fi条件下提出播放请求的情况，需要由性能团队继续优化。

（3）针对"进入作者介绍页－离开"路径：显然是作者介绍页的吸引力太过不足。不过究竟是介绍形式的问题，还是作者自己的问题，需要运营团队再深入找原因。

（4）针对"现在的UI让一些新用户不知道可以下滑"：一位产品经理当即建议做一个下滑手势浮层，引导用户下滑；但是立刻有人抱怨道，现在的首页元素已经很多了，有些让人眼花缭乱，不要再添加新的浮层了；一位设计师则建议，既然做加法不行，不如索性做减法；最终，他们选择的方案是，把作者介绍页的入口缩小，将下面的视频往上移，露出半个缩略图，用户自然就知道可以下滑了。UI改版前后的效果如图12-10所示。

图12-10

12.3.2 优化购课率

关于课程简介转化率的分析暂告一段落，接下来就要看怎么优化购课率了。

做路径分析要选择最典型的群体，再深入研究。因此，小格先确立了研究目标：了解购课者在购课前最典型的行为特征。他对比了两组人的站内行为：购课者在购课前的行为，以及非购课者的行为。值得注意的是，做这个对比时，不能直接横向比较事件上报的渗透率或者均值，因为购课者的所有指标几乎都远高于非购课者，更合理的做法是，考察两个群体内部的事件上报占比。

经过对比，小格有如下发现：

（1）体验课的播放率高和播放节数多，很显然，购课者对体验课的印象越好，就越容易下单，这说明一大优化手段是提升体验课完播率；

（2）购课者向好友分享的占比明显高，这也不难理解，熟人的推荐对于课程而言是一种信用加持，如果课程是好友分享的，付费转化会变得容易很多，看来分享率的提升也至关重要。

综上所述，小格又抓到两个核心变量，即体验课完播率和分享率，现在他要深入其中，通过路径分析进一步了解用户的移动路径和主要摩擦点。很快，小格又有了如下发现。

1. 体验课完播率相关路径分析

（1）一般的体验课有4节，第1节和第3节为视频课，第2节和第4节为小测试。小格发现，平均看下来，在第2节的小测试中，参与用户的跳出率特别高，如图12-11所示。

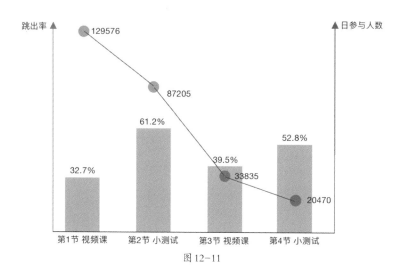

图 12-11

（2）而对于那些参与了小测试，且答题正确率很高（＞90%）或很低（＜40%）的用户来说，其点击"下一步"的比例都比较小，如图12-12所示。

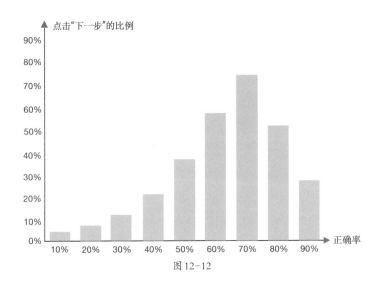

图12-12

（3）从课程维度看，有一些视频的平均拖曳率和跳出率远超均值，如图12-13所示。

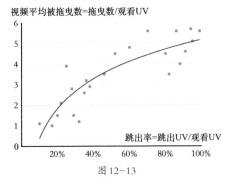

图12-13

2. 提升体验课完播率的方案

这样看来，一切就变得有的放矢。小格和他的同事们立刻想出了一系列降低体验课跳出率的措施。

（1）当前的小测试环节太依赖人的自驱力，会把信马由缰型的用户劝退。产品团队决定将体验课改成两堂，把小测试附在每堂课的最后，做成一个可选环节，而不是一个必选环节，以减小用户的心理压力，提升用户观看体验课的时长。

（2）从当前的数据表现看，答题时，正确率很高的用户容易轻视课程，正确率很低的用户容易知难而退。于是，大家决定扩充题库，把题目做成自适应式的，依照用户在前几题的答题情况调整难易程度，让用户的总体正确率维持在高转化率的范围内（60%～80%）。

（3）一些视频的平均拖曳数和跳出率高，这可能意味着用户对视频内容的满意度低。

于是运营团队仔细考量在拖曳点和快进处和跳出点，老师们是否说了太多与课程无关的话、内容是否存在偷工减料的问题、课程是否需要重新剪辑。

在这个过程中，运营团队还发现了一个新问题，有一些高拖曳率的视频播放量非常大，经过一番分析，他们发现有这样数据表现的视频很多都有"标题党"的倾向，如图12-14所示，这有损平台的形象。于是，他们建议算法工程师将一个视频的"单位时间拖曳数"作为特征，并在分发上对这一特征进行降权，以达到减少分发此类内容的目的。

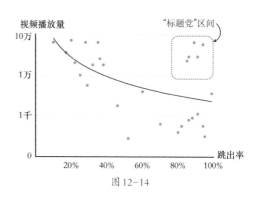

图12-14

3. 分享率相关路径分析

分享率可以从被分享者和分享者两个方面来分析。

从被分享者的角度看：

（1）对于通过点击朋友分享的链接进入站内的用户，30%会从分享页直接退出，15%会在分享页直接下单，31%会先进入其他页面浏览（其余24%为其他长尾路径），相比之下，先进入其他页面浏览的用户的购课率较低；

（2）根据朋友的分享有进入行为的用户会有较高的搜索率，且其中一定比例的用户的搜索词和朋友的分享内容有关。

从分享者的角度看：

（1）有分享行为的用户的购课率更高，对于特定课程，很多用户都呈现出先分享再下单的特征；

（2）除了视频体验课以外，该App还有一种直播形式的体验课，小格发现直播形式的体验课的分享率远高于视频体验课。

4. 提升分享率的方案

相应的，小格和同事们有针对性地想了一套新策略，如下。

（1）虽然用户对好友分享的课程的下单意愿很强，但是仍然有一定比例的用户不会直接下单，而是先在站内探索，并在这个过程中流失。小格猜测很多用户会有比价或者浏览类似课程的需求，搜索返回词也从侧面说明了这一点。

　　基于这个猜想，小格提出了两个建议：第一，在被分享的课程下面展现相似课程，供用户比较和挑选；第二，在首页显著位置插入被分享的课程，使用户即使去了其他页面，也能较快地重新找到该课程。

　　（2）让用户知道分享后自己的下单价会变得更低，鼓励分享裂变。同时，考虑设置拼团的方式，通过一定折扣，鼓励用户结伴购课。

　　（3）虽然直播课的分享转化率很高，但直播的渗透率仍然很低，对比可以考虑采取两种方法：一种是把菜单栏中"直播"选项的位置往前移动；另一种是在用户在线的高峰时段——周末的下午和晚上，推出更多的直播间。

　　上文讲述了小格和他的同事们是如何用路径分析的方式，尝试优化课程简介转化率和购课率这两个低转化率漏斗的。这一系列分析衍生出了众多的策略，这些策略一一实行后，两个漏斗的转化率有了明显提升。小格顺着路径也自然而然地分析到完课率和复购率等更下游的漏斗，并有了更多有趣的发现。

　　对于小格而言，几个月前的 App 就像一个夜晚的花园，用户在有众多小径的花园中穿行，他不知道用户在哪里撞了墙，哪里的通道过于低矮狭窄，而路径分析就是一场亮灯工程，将花园照亮。在明亮的花园中，他和同事们可以更有针对性地、明确轻重缓急地施工，铺平道路，带领用户快速到达可以获得新知的入口。

第13章

不忘初心，把账算清
——如何计算ROI

在科幻短篇小说《当星系如春花盛开，东北将联通平行宇宙》中，作家韩松用上万字的篇幅对厕所展开了细致和离奇的想象。

小说中的东北地区为了响应农村厕所整改政策，兴建了上万个厕所，但因设计疏漏、工程敷衍，大量厕所无法正常使用，成了废厕。为了应对上级检查，当地人想尽了办法：每个废厕都配备了管理员和保安，出于保护的目的阻止人们在这里方便；有的废厕索性被改成了小学、澡堂、餐馆甚至晚会场馆。整件事开始变得离谱：废厕被配备了行为分析摄像机、超脑网络硬盘录像机、信息发布终端等；在样板厕配有苍蝇状微型无人机和新型化工人造粪，以供参观；接下来还出现了废厕实验室，科学家在这里研究车载废厕、废厕里的进化规则、废厕集群大脑，并要争取把剩下的那些厕所也废掉，连通成一个超级系统……最后科学家们在废厕中领悟了宇宙的统一理论。总之，小说中的废厕是这个世界上最真、最基础的东西，但就是和大小便没什么关系。

这篇小说虽然荒诞至极，但它讽刺的现象令人感到有几分熟悉。比如，在现实中存在以快速扩量来抢占市场的思路，这在边际成本低、网络效应强的互联网行业有一定的合理性，但是，为了防止进入"改造废厕"般的癫狂状态，我们需要一支清醒剂来平衡思路，时不时将我们拽回基础的商业逻辑。这支清醒剂就是计算ROI，即衡量投资回报率。

13.1 前途不明的新点子

这一天，数据分析师小格和产品经理小旮外出调研，两人乘坐的网约车被堵在水泄不通的小路上，眼看就要迟到了。小旮当机立断，带着小格下车步行到附近的地铁站。

到了地铁站，小格翻包狂找地铁卡，小旮在出行App上把乘坐网约车的钱付了，然后切换到另一个App找电子地铁卡。小旮显然觉得这不够方便，刷卡进站时还自言自语："我们应该在'出发'上也加一张电子地铁卡。""出发"是他俩供职的公司推出的出行App，可以给用户提供出行服务。

"已经有好多App有电子公交卡了，我们再做有什么意义吗？"小格想都没想就直接反驳道，"再说，共享单车业务的利润已经不高了，再加个电子地铁卡挣的钱都补不回维护和营销这个功能的钱。"这还没完，小格顺着思路继续"补刀"："而且，万一电子公交卡把本来想打车的用户吸引走了呢，客单价变低，岂不是更入不敷出。"

小格真是连日常闲谈都要认真思辨，列出3点。

小旮没想到自己随便冒出的一个想法竟引来这么一顿劈头盖脸的反驳，但小旮也是个严谨的人，于是一一予以回应："你刚才说的第1点，的确是事实；第2点，我觉得还要再细细算一下账才能知道是不是合算；至于第3点，我倒觉得不必太担心，乘坐网约车出行的群体和乘坐公交出行的群体有一定的自然区隔。"

小旮说的自然区隔是指乘坐网约车出行和乘坐公交出行的用户，应该是消费意愿很不同的两拨人，重合度不会很高。的确，如果两个功能的用户群体有较强的区隔，就不必过于担心一个功能会把另一个功能的用户吸引走。

虽然"出发"没有公交系统的数据，但较真的小格还是想借共享单车的数据研究一下价差相对大的两类交通工具的用户群的关系，他立即在手机上写了段SQL代码提交，想查看一下乘坐网约车出行的用户和骑共享单车出行的用户的重合度，以此来确定自然区隔的程度。

数据显示，有16%的用户在过去一个月中同时乘坐过网约车和骑共享单车，因为使用公交系统（地铁、公交车）的绝对人数更多，按常识推理，网约车和公交系统的用户的重合度应该会更高一些。

小格觉得围绕电子公交卡的讨论还有必要进行下去。下午一回到办公室，他就忙不迭地继续深挖这个问题。不一会儿，他就发现了一个更值得推敲的现象：上个月活跃度一致的网约车用户，如果在当月使用了至少一次共享单车，其当月活跃度就会显著优于当月没有使用共享单车的用户。但这只是一个相关性现象，在解释这个现象时，将因果关系正着说反着说仿佛都可以。

- 正：因为用户使用了共享单车，所以对App的黏性增强。
- 反：因为用户本身在变活跃，所以使用了更多的出行方式。

小格觉得，不如先选择一个更积极的假说来研究：假设共享单车的使用使得用户以更高的频率打开了App，对App的依赖性更强了，在打车时就会更多地将"出发"作为首选出行App。

如果以这个假说为前提，小格就要反思自己早上和小旮的对话，他可能把在"出发"上增加电子公交卡这件事的收益想简单了。或许这个策略天然就是把双刃剑，电子公交卡不仅能带来新用户，也很有可能带来老用户的黏性增强，后者的贡献也许更大；但同时，像小格最开始担心的那样，它也可能造成网约车用户迁移到公交系统。

13.2 铺开账本——评估损益的基本步骤

小格把数据拿给小旮看，表示或许应该尝试一下增加电子公交卡，验证是否真的存在这么积极的因果关系，以及这是不是一笔划算的买卖。

较真二人组说干就干，立刻开始写方案：将"出发"的服务覆盖范围扩大至更多的出行场景，比如公交系统。这是一个大规划，如果要推行，将涉及产品、研发、运营和商务等方面的大量人力，大家一定非常关心这个方案的收益有哪些。这个问题未必能在项目开展前就得到精确的答案，但必须在呈报时写清楚评估方法。这就涉及一个很常用的指标——ROI。

ROI的意思是投资回报率（Return On Interest），其值等于总收益除以总成本。评估策略和商业活动效果的指标有很多，ROI是通用的终极指标之一，直接描述了买卖是否划算。如果一次活动的ROI小于1，则意味着这次活动是亏损的。

以下是小格写的ROI计算总提纲：

收益　　老用户增量生命价值、新增用户全生命价值

成本　　优惠券成本、商务成本、市场投放成本、增量的人力和硬件成本

公式　　$ROI = \dfrac{收益}{成本} = \dfrac{老用户总\triangle LTV + 新用户总LTV}{老用户总\triangle LTC + 新用户总LTC + 其他增量成本}$

以上公式中的LTV在第2章已经提到过，就是用户的生命周期价值（Life Time Value），LTC则表示用户的生命周期成本（Life Time Cost），即获客和维护用户的花费。

如果一个活动吸引了一批新用户，我们把这批新用户的全部生命价值都算作这个活动的功劳；如果这个活动使一批已经下载App的老用户变得更活跃，我们则把这部分

增加的生命价值归功于这个活动。

在这里，我们引入了符号"△"，△LTV 指的是LTV的增量，如果一个用户LTV为1000元，随着某种策略的实行，他的LTV变成了1100元，那么这个策略带来的△LTV就是100元，如图13-1所示。

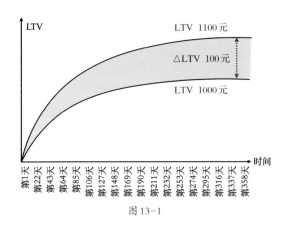

图13-1

在这个新增电子公交卡的场景中，据已经提到过的猜想，老用户的LTV可能会受到正反两种影响。

- 正面影响：老用户在站内的活跃时长和活跃度提升，付费总额提升。
- 负面影响：一部分本来选择网约车的老用户流向了公交系统，付费总额降低。

以上两种影响孰强孰弱将会是本次策略的最大悬念，如果负面影响过强、带来的新增用户也很有限的话，这将会是个吃力不讨好的策略。

13.3 放大最佳收益点——圈定重点运营对象

小旮眉头紧锁地读完了小格撰写的第一版测算方案，说道："我认同这个计算方法。但我担心我们现在出的这版方案，正面影响和负面影响都会很弱。我们仅仅在'打车''骑行'的水平位置加入'公交'入口，因为用户缺乏使用心智，我预测用的人会比较少。渗透率一低，损益也就不明显了。"

怎么让这张电子公交卡的入口再吸引人一些，和其他电子公交卡的入口产生差异呢？小格一时只想到了常规的引导弹窗和优惠券，小旮则觉得这个方案太平庸，到一旁苦思冥想了起来。

不一会儿，小旮高兴地跑回小格身边，说道："我们卖公园卡吧！"小格抬起头，用不可思议的眼神看着小旮，仿佛觉得小旮已经疯了。

"公交卡都没卖出去你还想卖公园卡？"小旮重新组织了一下语言，说应该通过和公园合作的形式，比如刷卡送公园折扣券等活动，给用户一个用电子公交卡的理由。这个想法不算空穴来风，出行行业的两大前辈企业——阪急电铁和米其林轮胎，都曾经走过这条路。

20世纪初，阪急电铁为了给新规划的电车线路招揽乘客，在终点站宝家建设了许多游乐设施，其中的宝家剧场逐渐蜚声全国，给这条线路带来了客流；在同时代的美国，米其林轮胎的创办人也有个相似的想法，为了推销自己的轮胎，他出版了《米其林指南》一书，其中所列的特色餐厅成了大家自驾出行的新理由，轮胎生意也日渐昌隆。

明白了小旮的意思之后，小格觉得这或许是个好主意，他俩管这个新方案叫"米其林计划"。"米其林计划"看起来很美好，但是带来了两个新问题。首先，虽然这个方案的影响力会提升，但是成本也会增加，小旮需要测算成本和收益的均衡点；其次，相比老方案的"均匀发力"，"米其林计划"主要吸引对目的地感兴趣的部分群体。不同的用户群对于增量收益的影响是不同的，比如，小旮设想的公园卡可能会对退休人群、幼儿家长的吸引力很大，但是对其他人群的吸引力较小。因此，重点运营对象的确定会影响优惠目的地的选择。

为了解决这两个问题，小格为"米其林计划"绘制了一张用户类型表（见表13-1），以来更好地说明用户群和收益是有多重映射关系的。从ROI的收益公式（收益＝老用户总△LTV＋新用户总LTV）出发，抓住新用户增量空间最大或老用户提升空间最大的用户群，才是当务之急。因此小格研究了一下市场结构和站内画像平台的数据，对站内的典型人群做出了概括。

表13-1　用户群和增益空间

		群体1	群体2	群体3	群体4
用户群特点	新用户增量空间	大	大	小	小
	老用户活跃度、客单价提升空间	大	小	大	小

	群体1	群体2	群体3	群体4
典型人群	退休群体	惯用公交系统的通勤族	年轻职场人、学生	惯用网约车的高级白领
运营目标	既拉新，又促活	拉新	提升活跃度和消费频率	不重点运营
该群体对当前项目的重要性	重要	重要	重要	不重要

小格请运营部和市场部的同事针对表13-1中的前3类群体选择一些出行目的地。这两个部门的同事通过主观业务判断和数据调研选择了若干合适的地点，除了公园以外，还添加了商场、潮流街区和博物馆等。

这些地点会在后台被添加进优惠目的地列表，用户只要使用了电子公交卡，最初几次都能够获得一定数额的优惠券，这些优惠券可以用于去该列表内的任意目的地消费。

运营部门着重筛选出目的地名称同时是地铁站和公交站的地方，来进一步引导用户将目的地与电子公交卡联想到一起，同时为不同画像的用户准备了差异化的活动落地页。

13.4 大胆假设，小心求证——ROI测算和预估

经过了两个月的洽谈和筹备，"米其林计划"终于进入预上线和实验阶段。大家期待通过实验，让收益和成本两股力量进入最后的角逐。

出行App在实验方式上不同于其他很多类型的App，不能采取用户随机分流的传统方法。一般来说，工具App、游戏App、视频App可以通过切割部分流量的方式来分组，而出行App往往需要将一个地区的所有用户纳入同一个实验组。原因在于出行App涉及人、车、路况、城市环境构成等许多因素，很容易产生"蝴蝶效应"，即某个功能从线上传导到线下会形成连锁反应。这会使得在有5%的用户进组和有100%的用户进组时，实验结果有天壤之别。

除此以外，"出发"的运营团队不倾向于在同一个城市实验不同的优惠策略，以免一些用户发现自己的优惠额度没有朋友大而产生不满。因此，对于"出发"而言，实验城市的选择是一道日常工序。公司有一套选取城市的自动化系统，只需要设置实验的维

度，这个系统会自动在全国范围内匹配城市，数据分析师只需找出几个在统计描述上最为相似的城市作为备选。

一般而言，这类实验的维度包括居民经济水平、交通拥堵情况、城市面积、天气状况、网约车和通勤人口的供需比例等。小格从中挑选了一些对于当前实验效果影响较大的维度，并将其传给处理模型的同事，很快得到了几个在多个维度下存在一定相似度的城市。

为了节约实验成本，首次只实验3个方案，见表13-2。

表13-2　实验方案

组别	投放地	策略
对照组	A市	无
实验组1	B市	展现电子公交卡模块
实验组2	C市	展现电子公交卡模块； 头两次使用电子公交卡，赠送目的地优惠券，优惠幅度为第一次5元，第二次3元
实验组3	D市	展现电子公交卡模块； 头两次使用电子公交卡，赠送目的地优惠券，优惠幅度随机确定

小格希望通过这样的实验设计，回答3个问题。

（1）电子公交卡模块本身能带来多少增量收益（A、B两市对比）？

（2）目的地优惠券能够带来多少额外收益（C、D两市与B市对比）？

（3）什么样的优惠策略更优（C、D两市对比）？

前文说过，为了计算ROI，首先要知道用户的LTV变化，这需要进行模型拟合。

有些互联网公司有专门的LTV计算平台。数据分析师可以将实验数据接入LTV计算开始，观察各组的LTV的变化，系统会根据观测期限内的LTV的实际变化，拟合出长期的LTV差值。为了提升拟合结果的准确性，需测算ROI的实验通常要比普通实验开展得更久。在这个实验中，小格选择的实验周期是一个月。

以A市的老用户数据为例，测算系统获得30天内每日人均LTV（见表13-3）后，可以绘制出一条累加LTV曲线，如图13-2所示，这条曲线与时间函数$x=t$包裹出的面积就是用户的LTV30，即用户在30天内的生命价值。有了这条曲线，系统会利用逻辑函数或者幂函数拟合出用户全生命价值的近似值。在很多情况下，数据分析师更倾向于使用相对保守的LTV365,即用户在一年内的生命价值。

表13-3 30天内每日人均LTV

	d0	d1	d2	d3	d4	d5	d6	d7	…	d30
当日LTV	50	15.75	7.24	3.37	0.89	0.32	0.121	0.119	…	0.115
累加LTV	50	65.75	72.99	76.36	77.25	77.57	77.691	77.81	…	80.471

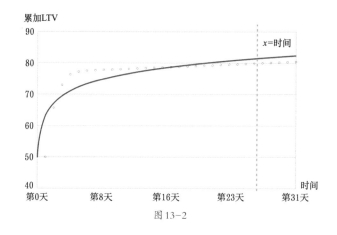

图13-2

LTV365拟合曲线所包裹的面积就是某个用户一年内给"出发"带来的价值。当4组实验的曲线被放在一起时,线与线之间相夹的面积就是各种策略能带来的价值差异。

根据LTV计算平台返回的结果,小格开始计算各实验组在新老用户身上分别获得的收益,结果见表13-4。

表13-4 各实验组新老用户收益对比

	实验城市	A市	B市	C市	D市
老用户部分	人均LTV365/元	259	238	312	301
	人均△LTV365/元	/	3	12	11
	老用户规模/万人	97	89	123	114
	老用户收益/万元	0	267	1476	1254
	实验城市	A市	B市	C市	D市
新用户部分	人均LTV365/元	47	52	67	61
	活动拉新规模/万人	0	0.4	1.2	1.2
	上线365天拉新估计/万人	0	2.6	7.3	7.0
	新用户收益/万元	0	135.2	489.1	427

对于老用户，人均LTV365、人均△LTV365可以由观测和拟合得来；将人均△LTV365和老用户规模相乘，就可以估计出实验组策略所带来的老用户收益。

对于新用户，通过实验我们可以得到活动拉新规模，并由此推算出策略实行一年的拉新规模（上线365天拉新估计），将后者与人均LTV365相乘，就是新用户收益。

接下来是成本计算部分，包括与公交系统合作的商务拓展成本、实际核销的优惠券数额、市场成本和新增的机器运营成本等，小格从各部门取得了在每个城市实行策略的总成本。

ROI的计算公式：ROI=收益/成本=（老用户人均△LTV×老用户规模+新用户人均LTV×新用户规模）/总成本。通过简单计算，本次活动各实验组的ROI就一目了然了。表13-5是小格统计的各实验组的ROI。

表13-5　各实验的ROI对比

	实验城市	A市	B市	C市	D市
ROI	总收益/万元	0	401.2	1966.4	1682.2
	总成本/万元	0	422.3	1927.9	1529.3
	ROI	—	0.95	1.02	1.10

显然，在D市使用的策略是最佳方案，总收益高于总成本且ROI最高，可以考虑推广。虽然C市的ROI也大于1，但因为ROI的计算方式带有一定预测和估计的成分，所以对于特别接近1的测算结果，实际ROI大于1或小于1都有可能，有时很难断定实行对应策略究竟会不会亏本，应当以谨慎的态度看待。

有趣的是，如果仅仅看活动的拉新促活效果，在C市实行的策略更好。但可以想象，虽然在C市实行的策略渗透市场的速度明显更快，但如果"米其林计划"长期存在，在C市和D市实行的策略的最终市场渗透率会趋于接近，那么在D市实行的策略会因低边际成本而具备更大的优势，使整个获客过程变得非常合算。

当然，ROI只是决定某个项目是否能上线或某个策略是否能被定义为项目成功的因素之一。

在实际工作场景中，我们会看到大量ROI低于1的项目在进行，其原因有很多。比如本章开头提到的网络效应，如果某个策略的实行会使得网络密度加大，那么其边际收益很可能迅速提升，边际成本迅速下降，这使得活动后期的ROI远远大于初期的计算结果，早期的亏本变得非常合理。另外，真正的市场环境充满了竞争，为了使市场渗透速度不慢于对手，人们会选择ROI不高但市场渗透速度最快的策略。

不过网络效应并没有我们想象得那么容易产生，和对手长时间比拼"烧钱"也可谓是陷入了囚徒困境。即使我们接受局部ROI低于1，整个业务的长期ROI也应该是大于1的，否则开展这个业务就违背了做生意的初衷，我们就会如同那些建设和研究"废厕"的人。

第三部分

进阶篇

本部分为进阶内容，主要讲解如何利用数据分析方法更具创造性地做业务探索和求解开放性问题，包括内容生态研究、裂变设计、竞争分析和心理量表的新用法。

第14章

论科学拔苗助长
——内容生态研究

拔苗助长是一个贬义词，因为这种行为不尊重生态系统的运行规律。可是，一些人总是存在拔苗助长的心理，试图在更短的时间内获得更多的回报。何夕在科幻小说《异域》中将这种心理演绎到了极致。《异域》的故事起源自一场粮食危机，为了应对这场危机，科学家们创造出了一个西麦农场。这个农场其实是一个"快进空间"，这里的时间流逝速度比地球上的其他区域快4万倍。正因为如此，这个农场能够用不大的占地面积源源不断地向全世界输出充足的粮食。但同时，副作用也出现了，西麦农场不仅能超速生产，其生态系统也发生着超速进化。在加速的物竞天择循环里，奇怪而可怕的生物被孕育了出来，威胁着人类。

西麦农场的困境也是所有内容平台的困境，平台运营人员既希望能加速内容生态的进化，产出多样化的内容，又担心拔苗助长带来不良后果，造成内容生态系统失衡，或"不良物种"入侵，从而破坏平台本来稳定的环境。

内容生态系统的问题非常复杂，很难一言以蔽之，在本章，让我们以"信息茧房"和"多样性"为关键词，从几个角度来探讨内容生态这个主题。

14.1 信息茧房是否存在

"晃悠"是一个成熟的用户生成内容（User Generated Content，UGC）视频平台。平台凭借着五花八门的用户生成内容吸附着巨大的流量。

大约在5年前，"晃悠"在面世不久之时就上线了一个功能——相关推荐。

用户进入视频播放页后，会发现当前视频的下方有一长串相关视频，其内容与当前视频相仿，便于用户对喜欢的主题展开更深入的探索。这个功能上线后，用户站内停留时长有显著的提升。

但是几年过去后，随着内容池的快速扩充、推荐精度的提升，"晃悠"的产品团队发现很多用户开始抱怨这个功能。在一次用户访谈中，有用户反映，这个功能简直就是一个"盘丝洞"，会导致自己在一个主题上越陷越深，浪费很多时间在差不多的事物上；还有某些细心的用户发现，在"相关推荐"中浏览得越多，在主页推荐流中看到的视频就会变得越来越相似。

小格也在用户访谈的现场，明白大家说的这个问题就是推荐系统常常被诟病的信息茧房问题。随着对点击和观看行为的收集，算法将用户包裹进他们最感兴趣的几类信息流里。这个信息茧房既让用户处在舒适区，也会使他们看不见更大的世界。如果这个现象长期存在，且主页推荐流中的视频越来越相似，可能会导致一些用户丧失新奇感，对平台产生厌倦感。

小格随机打开一个视频，是一个关于乡村生活的综艺节目的视频片段，视频下方是相关推荐视频，但是90%都是同一个综艺节目的其他视频片段。小格觉得这的确有优化空间，如果能推荐一些类似的真人秀、农村生活Vlog，既不会显得毫不相干，也避免了千篇一律。但是现在拿着用户访谈记录和有限的几个案例去找算法工程师，明显说服力不足。小格需要一套一言以蔽之的数据，证明信息茧房不是个别用户的特殊感受，而是一种普遍现象。

小格思索了一下，所谓信息茧房，就是信息的类型局限、内容同质化。他的脑海中浮现出一幅画面，如图14-1所示，假设当前播放视频是一个黄色方块，相关推荐视频是一长串方块。如果这些方块的高矮胖瘦和颜色各不相同，则信息茧房性较弱；如果这些方块个个都像原本的黄色方块，则信息茧房性较强。

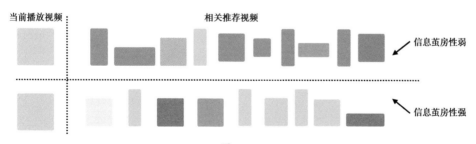

图 14-1

在有视频特征的情况下，图14-1可以用数学方法来表示。虽然视频本身五花八门，但是视频与视频之间的关系可以用同一个量化指标来衡量，即视频内容相似度。

每个视频都有作者、文案、主题分类和关键词等诸多信息，每一个视频都可以看作一个向量。因此，任意两个视频的相似度就等于这两个向量的余弦相似度（箭头的角度是否接近）。具体到公式中，向量x和y分别代表不同的视频，则向量与向量之间的余弦相似度的示意图和计算公式如图14-2所示。

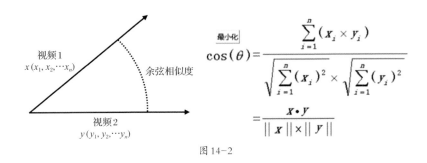

图14-2

接下来就该结合实际的视频曝光情况来做相似度检查了。

小格随机抽取了几十万个被播放过的视频，并提取了每一个视频的10个相关推荐视频，分别计算它们与被播放视频的相似度。

依据程序自带的函数，相似度计算出来了，相关推荐视频与被播放视频的平均相似度是0.28。

现在的问题是，小格不知道0.28说明了什么，因为这只是一个绝对值，不能轻而易举地反映人们的主观感受。什么样的数值对应"太雷同"，什么样的数值对应"不相关"？

这时候就需要主观认知的介入了。

小格又随机选了200个视频分给不同部门的同事，让他们在运营中台观看这些视频，接着浏览它们的相关推荐视频，并给出"太雷同""不相关""正好合适"的评价。

大家都对这个研究充满了兴趣，像完成老师分发的作业一样，很快上交了答卷。小格做了一个简单的统计，发现被认为"太雷同"的相关推荐视频，其相似度中位数为0.4；被认为"不相关"的相关推荐视频，其相似度的中位数为0.09；被认为"正好合适"的相关推荐视频，其相似度的中位数为0.21。

小格用这套以感性加工出来的标准做参考再做了一次分层统计，看看一个视频和相关推荐视频的相似度有多大的概率会超过0.4，也就是被划分到了"太雷同"的范畴。

其间，在回收答案时，小格还敏感地察觉到，被标为"太雷同"的相关推荐视频与被标为"不相关"的相关推荐视频，似乎在主题上有很大的差异。这给后续研究带来启发，小格希望能想办法找到更容易产生雷同现象的视频主题。

小格开始了更大规模的抽样和数据分析，获得了3个新线索。

- 线索1：所有抽样视频中，相关推荐视频与被播放视频的相似度超过0.4，即达到"太雷同"标准的，占了13%。

- 线索2：见表14-1，不同主题的视频在相似度上的表现差异很大，科技、搞笑等主题的视频与相关推荐视频的相似度相对较低，达到"雷同"标准的占了2%；而美妆、游戏主题的视频与相关推荐视频的相似度很高，达到"雷同"标准的占了将近15%。

表14.1 不同主题视频的相似度分析

雷同度	不相关	合适			雷同	太雷同
与相关推荐视频的相似度	(0 , 0.1]	(0.1 , 0.2]	(0.2 , 0.3]	(0.3 , 0.4]	(0.4 , 0.5]	(0.5 , 1)
主题 科技	3.1%	34.7%	31.3%	29.4%	0.9%	0.6%
搞笑	2.2%	31.9%	33.7%	30.6%	1.1%	0.5%
……						
美妆	0.1%	25.4%	20.3%	39.2%	9.2%	5.8%
游戏	0.3%	26.3%	18.4%	43.1%	8.4%	3.5%

- 线索3：以上两个线索都是从视频角度发现的，切换到用户角度，部分用户所看视频与相关推荐视频的相似度明显超出了其他用户。小格对相似度排在前2%的用户做了抽样调查，发现除了喜欢看美妆、游戏视频的用户以外，还有很大一部分用户是追星群体，他们的主页推荐流几乎都是所追明星的视频和娱乐八卦视频。也就是说，如果一个用户恰好看过美妆、游戏、娱乐八卦等视频，他就比其他用户更容易陷入信息茧房。

手握这些数据，小格终于确信了信息茧房的存在，部分主题的相关推荐视频、部分用户的视频池确实容易产生同质化的现象。他建议局部修正推荐逻辑，让更多"和而不同"的视频获得更大的权重。工程师们花了心思修改代码，故意把推荐流做得不那么"精准"，给用户一些探索新喜好的空间，尤其是会在美妆、游戏和明星等主题的相关推荐视频中掺入一些"意外"的视频。

一切准备就绪，新的产品策略开始实验。

然而，实验开始一段时间后，小格通过回收的数据发现用户站内消费时长并没有任何变化，相关列表的点击率也没有什么大变化，这让他感到一丝沮丧。但是，他在进一步细细比对实验组产生的差异时，发现相关推荐视频的人均展现数多了0.2个。差异化更大的视频似乎让用户更有兴致往下翻找了，用户也"挖掘"出了一些新的视频。

如果计算主页推荐流里的人均视频相似度，实验组的相似度要明显低于对照组。这个数据客观地说明了用户浏览的内容的信息茧房性有所减弱。那么在时长相同的情况下，这个策略仍然有优势。因为用户在相同时长内看到的内容更丰富，这可以延缓用户对产品感到厌倦的速度。

"晃悠"的产品团队相信，更多元的内容能够更有效地防止用户在信息接收上的"偏食"和"营养不良"，也能够让他们维持对平台的长期新鲜感。

14.2 量化内容生态的多样性

由上述的信息茧房问题出发，小格和他的同事们意识到，平台上的视频数的增多并不一定代表着平台的内容生态会越多样。如果游戏、美妆和娱乐八卦等主题的视频数过多，很可能会抢占观看其他主题的视频的用户，限制用户对平台的认知发展。现实中，许多平台之所以增长乏力，常常伴随着某类内容占比过大的问题，以至于用户对这个平台的认知越来越狭隘。所以，对平台的整个内容生态做长期监控，似乎有很强的战略意义。

那么，该如何用一个简单的指标来评估内容生态的多样性呢？

这个多样性，绝对不是视频越多越好，甚至也不是视频的种类越多越好，它应该像大自然一样，各个物种搭配有度。既然想到了大自然，小格立刻想起了生物统计学中是如何计算物种多样性的，他觉得这个方法完全可以用于评估内容生态的多样性。

案例延伸 内容生态多样性的计算

物种多样性的衡量方法有很多，在这里我们选择"信息论之父"克劳德·艾尔伍德·香农（Claude Elwood Shanuon）提出的信息熵作为内容生态多样性的衡量方法。

分类是识别多样性的前提和切入点，比如"分类学之父"卡尔·冯·林奈（Carl von Linnè）对植物进行分类之后，关于植物的许多规律才陆续被发现。研究内容生态的多样性也可以从内容分类开始。

假设有两个内容类产品，平台甲和平台乙，他们的运营团队分别对各自平台的内容做了打标和归类，发现两个平台都有且只有4个品类，即美食、游戏、搞笑和美妆。

仅看内容类型的数量，并不能说明两个平台的内容生态多样性一致。做一个极端一点的假设：如果平台乙的美食品类占比达到了97%，可以想象，只要进入平台，大概率看到的就是美食视频，内容生态多样性是很差的。

而使用香农的信息熵来衡量内容生态多样性，就可以既考虑内容类型的数量，又考虑内容类型的占比情况。

香农熵（H）的公式为：

$$H=-\left(p_1\times\log_2 p_1+p_2\times\log p_2+\cdots+p_{32}\times\log p_{32}\right)$$

如何理解这个公式呢？

假设我们随机抽取一个视频，它恰好是关于美食的，这个事件的概率需要多少比特的信息来表示呢？

$$H=-\sum p_i\log_2^{p_i}$$

$-\log_2^{p_i}$ 就是这个问题的量化答案。

在平台甲，$-\log_2^{p_i}$ 的值为 2，意味着需要用 2 比特的信息来表示该视频为美食的概率；

在平台乙，$-\log_2^{p_i}$ 变为了 0.04，说明只需要 0.04 比特信息就可以表示美食视频出现的概率。

的确，平台乙中，美食视频的占比很大，这使得抽样视频为美食视频的概率大大增加，为体现该结果的确定性所需的信息量就大大减少。

现在我们随机抽取类型分别为美食、游戏、搞笑和美妆的视频，香农熵就是每一类视频出现所需的信息量的加权求和。

当信息熵越大时，随机抽取一个视频的结果的可预测性就越差，内容生态多样性就越好。

通过计算，平台甲的熵为 2，平台乙的熵为 0.242，见表14-2。两相比较，平台乙的生态多样性远弱于平台甲。

表14-2　两个平台的生态多样性比较

平台甲	美食	游戏	搞笑	美妆
品类占比 Pi	25%	25%	25%	25%
$\log_2^{p_i}$	−2	−2	−2	−2
熵	$-\sum p_i\log_2^{p_i}=2$			
平台乙	美食	游戏	搞笑	美妆
品类占比 Pi	97%	1%	1%	1%
$\log_2^{p_i}$	−0.04	−6.64	−6.64	−6.64
熵	$-\sum p_i\log_2^{p_i}=0.242$			

如同找到了一把精确的标尺，小格迫不及待地要运用信息熵衡量平台的内容生态多样性。

他对过去半年的用户观看记录进行抽样调查，并按照最新的标签体系对其进行了分类、计数和占比统计。

小格区分出了两个统计角度。

（1）生产端：求出当日创作者生产的所有视频中，每个品类的上传数量占比，以该占比计算信息熵。这个角度统计的是生产内容的多样性。

（2）消费端：求出当日用户消费的所有视频中，每个品类的被观看数量占比，以该占比计算信息熵。这个角度统计的是消费内容的多样性。与生产端的统计不同，如果一个视频被观看的次数越多，它在所有视频中的被观看占比就会越大，权重也会变得越大。

最后，小格将半年内每一天的生产端、消费端品类统计结果分别代入信息熵计算公式，绘制出走势图。结果是惊人的，半年来，"晃悠"生产端的多样性虽然有变好的趋势，但是消费端的多样性竟然在变差，如图14-3所示。

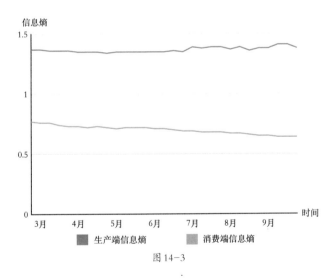

图 14-3

小格的脑海中猛然出现了"物种入侵"的画面，看起来他和同事们隐隐担心的，某个品类大量吸收流量的情况真实发生了。

根据经验，那些"入侵"其他生物领地的"超级物种"肯定包括明星、美妆和游戏视频。但为了确保没有漏网之鱼，小格还是将所有品类的消费端观看数占比和生产端发布数占比相除，看看在分发上占显著优势的品类还有哪些。

答案是电商直播。

原来这半年，"晃悠"快速推进商业化，将直播电商混排在主页推荐流中，并对其采取了很强的保量措施。但现在看来，虽然平台的收入显著增加，但电商直播的过度曝光是平台内容生态多样性变差的一个重要原因。小格认为之前对主页推荐流的多样性的调整力度还不够，而且没有将电商直播这个"超级物种"考虑进来。所以上一轮优化后用户虽然表现出了一点查看兴致，但关键指标没有提升。

小格将新用户的消费端信息熵单独拿出来统计了一下，果不其然，新用户的这一指标下跌得比大盘指标还猛烈。

这个现象可以理解：老用户由于进入平台时间长、数据量大，所以其主页推荐流个性化程度高，能够在一定程度上抵御"物种入侵"；而新用户的主页推荐流个性化程度低，在冷启动时期，算法更倾向于给他们展现站内的高热视频。当上述强势品类的稿均播放量变大、热度提升，它们出现在新用户面前的概率就更大。

小格试图确认一个问题：冷启动推荐流的多样性和用户的留存有什么关系？

他筛选出了所有刷到了20个视频的新用户，统计了对于每个新用户而言，这20个视频的展现信息熵，然后将其与他们的次日留存率做相关性分析。小格发现两者呈现明显的正相关。这说明，冷启动推荐流的多样性越好，新用户的活跃度越高。小格由此产生了一个猜测：在最近市场投放不再激进的背景下，大盘的新用户次日留存率依然没有涨势，很可能与冷启动时的内容多样性变差有关系。

这个发现让支持小格的人变得更多了，绝大多数同事都支持开展"多样性改善"专项行动，并搭建监控看板，以信息熵指数来长期衡量站内内容生态是否在变丰富。大家希望有了这个看板后，各业务团队的目标能够相互制衡，涸泽而渔的商业变现项目能够被提前发现。

内容生态的把控总是在个性化或信息茧房化、依赖强势品类或保证多样性之间来回摇摆，并没有一个最佳标准。什么样的"物种配比"是最合理的？要回答这个问题，需要运营团队进行价值判断，也要参考用户行为变化所释放的信息。不过，虽然内容生态多样性好不好是一个定性问题，但量化手段仍然能帮得上忙。它可以辅助我们形成对内容生态系统的大局观，并敏感地监测内容生态系统的长期变化。在本书的最后一章，我们会顺着这个方向继续探索，看看量化手段还可以帮我们解决哪些定性的问题。

第15章

制造一个瀑布
——裂变活动的影响因素

在雷德利·斯科特（Ridley Scott）指导的科幻电影《普罗米修斯》中，剧作团队探讨了生命创造的一体两面：一面是未来世界中，人类创造真正的人工智能；另一面是史前世界中，外星工程师创造人类。两者相比较，即使人类的技术已经炉火纯青，其造物手段仍然与外星工程师有着天壤之别。不论是这部影片，还是其他关于机器人或克隆人的故事，比如《我，机器人》《逃出克隆岛》等，人类都需要在生产线上一个一个生产它们。而《普罗米修斯》中的外星人却早已掌握了生命科技，在创造人类时，外星工程师只需要饮下带有遗传因子的黑水，跃入瀑布中，让遗传物质在水中扩散，遗传因子便能进行"裂变"，一生二、二生四……直至繁衍出生生不息的人类。"裂变"，让外星工程师在造物时达到了四两拨千斤的效果。

在商业世界，"裂变"用来形容某种营销模式，随着社交网络时代的到来，基于用户与用户之间的信息传递更加快速和频繁，裂变手段在互联网行业也变得更加常见。

如果产品设计者能够借助裂变的力量，那就可以省去高额的宣发成本，不必一次又一次地把产品推销给每一个用户，而是借助老用户自然地引来新用户。但并不是所有裂变都能成功。本章我们讨论的问题便是，影响裂变成败的因素有哪些？

15.1 制造瀑布——设计裂变的重要环节

数据分析师小格走入工作区，整层楼似乎都充斥着一种特殊的紧张氛围。

产品经理小旮穿过一小撮交头接耳的人，难掩兴奋地对小格说道："你听说了吗，我们要做一个新项目了！"

小格就职的公司是问答平台——"虾问"。用户可以在"虾问"上提问，获得其他用户的解答。"虾问"的社区氛围非常活泼，除一些严肃问答外，还有很多插科打诨的问题，评论区也妙语连珠，仿佛一个由逗哏和捧哏组成的世界，成功吸引了大批围观群众。

手握一群优质用户，公司决策层萌发了一个宏大的计划，意欲将业务拓展至广大网民的所有"智性时间"，再推出一个读书App——"咸读"，其主打的功能将包括阅读电子书、购书、写读书笔记和围绕阅读展开社交互动。这就是小旮所说的新项目。

"咸读"很快成立了一个独立开发团队，小旮和小格都参与其中。两个月之后，他们开发出了第一版产品，并将其实验性地上线于各大应用商店。早期用户的反响很不错。公司决定不再让它静悄悄地躺在应用商店里，而是借助春节假期大举进行推广。一个核心的推广手段就是将"虾问"的用户引导到"咸读"上来，并激励他们将"咸读"分享给更多用户，实现裂变。小旮和小格将负责设计一整套新用户引流和裂变的方案。

接到这项任务时，已经进入12月，留给他们的时间并不多。但即便在如此紧张的节奏下，谨慎的小旮和小格也不想全然靠拍脑袋做一套方案，他们还希望能够留点时间做方案的AB实验。

在小旮和小格的心目中，裂变活动应当如同一个层层叠叠的瀑布，让"咸读"的吸引力从核心用户出发，一级一级向外传递，逐渐使边缘用户也转变成核心用户。瀑布的层级越多，势能就越大，扩散速度就越快，触及的用户规模也就越大。

给裂变活动的每一个环节都做AB实验并不现实。因为裂变环节众多，如果实验过度，会大比例地消耗新用户，以至于到"咸读"真正上线时，剩余可获取的新用户就不多了。因此，小旮和小格展开了一番讨论，找到这个项目的核心做研究。

小旮找来白板，画了两个简笔小人。

小旮又进行了一些补充，他在小人下方写下父节点、子节点，这两个小人便分别代表分享的用户和被分享的用户，两个节点用箭头连接，就形成了一个简易流程图。然后他在流程图的各个位置写下了关键动作（即环节）：分享、触达、转化。有了关键动作，每一环节的核心指标就变得清晰起来。

小格接过笔补充了3个指标：父节点分享率、平均触达子节点数、子节点下载率。它们分别对应小旮所写的3个关键动作，也就是活动方案的重点提升指标。同时，他们也将主要围绕这3个指标来做实验。

这3个指标体现活动成效的"果"，那么影响活动成效的"因"有哪些呢？

小格另起一行，写下可能影响这3个指标的因素：

- 父节点分享率受分享动力和分享便利度的影响；
- 平均触达子节点数受规则限制的触达人数上限的影响；

● 子节点下载率受转化动力和转化便利度影响。

（不限于以上因素，大家可根据产品实际情况通过头脑风暴来寻找答案。）

其中，分享便利度受到站外渠道的分享规范制约，转化便利度受到应用商店的下载规范制约，可提升的空间较小。因此，小格将实验的研究焦点集中在分享动力、规则限制的触达人数上限、转化动力这些因素上。随着工作的开展，3组实验方案应运而生。

数据分析师通常用K值来衡量裂变效率，它通常指每一轮裂变中，每个父节点能拉来多少个子节点。在不同的场景中，K值的定义会因为步骤的差别而有所区别。但就当前这个案例而言，K值可以量化为：

$$K值 = 父节点分享率 \times 平均触达子节点数 \times 子节点下载率$$

综上，他们的核心方案如图15-1所示。

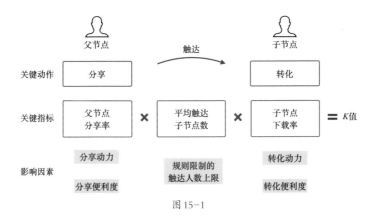

图 15-1

在绝大多数情况下，随着一轮又一轮的裂变，K值通常会发生衰减，直至逼近于0，传播逐渐停止。如果K值小于1，则意味着新一轮的用户规模不如老一轮。只有当每一轮裂变的K值都大于1的时候，才能认为病毒式的传播已经发生，即出现了所谓的"信息瀑布"或"行为瀑布"。K值越大，"瀑布"的势能越强。

一个方案如果在头几轮裂变中有稍微大一点的K值，那么随着裂变次数的增加，受影响的总人数可能会有数量级上的优势。

接下来，小格对于影响K值的3个因素分别做了实验。

1. 父节点分享率

这次分享活动将使用金钱激励，根据以往的经验，这是势能最强的裂变手段。具体来说：

（1）首批父节点用户会在"虾问"站内看到"咸读"的下载入口；

（2）下载"咸读"后，用户会看到一个分享任务弹窗，完成分享任务后，就会得到一定金额的奖励红包；

（3）同时，每个被分享的子节点用户在下载"咸读"后，也会得到一定金额的奖励红包。

接下来，子节点用户转变成父节点用户进行下一轮裂变。

获得奖励红包后，用户可以提现，也可以在站内购买电子书，这部分方案是确定的。大家尚不确定的是奖励红包的金额和UI方案。

众所周知，奖励红包的金额越大，用户分享的动力就越强，但相应的活动成本也会越高，这部分内容在第13章已经有了较详细的论述，在此不做赘述。

针对UI方案，有一个问题引起了激烈讨论：文案和视觉氛围，究竟应该更强调"利己"，还是"利他"？是让用户觉得"自己能从中获利"，还是让他们感受到"这是一份给朋友的礼物"？哪种心理作用会使分享率更高呢？

文案带来的巨大效果差异常常令人惊讶，小格和小旮都深知这一点。针对这个问题，裂变小组共设计了3个实验组：

- 实验组1，"利他组"，用户看到的文案是"送给朋友一个读书红包吧"；
- 实验组2，"利己组"，用户看到的文案是"分享给好友，赢取读书红包"；
- 实验组3，"均衡组"，用户看到的文案是"分享给好友，一起得读书红包"。

每个实验组的文案都搭配了与文案意图更协调的设计。

实验开始若干天后，小格回收了实验数据，3组用户的分享率分别是35%、26%和29%，"利他组"展现出了显著的优势，甚至超过了"均衡组"。或许今天的互联网用户已经很难被铺天盖地的红包活动所打动，对蝇头小利不再感兴趣。看起来，把活动效果包装成让用户转赠小礼物的分享动力反而更强。

通过这个实验，UI方案基本敲定，但小格和同事们目前只完成了K值设计的1/3。

2. 平均触达子节点数

上面的实验中有一个变量在各组间都一样，就是每个父节点需将指定内容分享给几个子节点来完成任务。当前设定简单，沿袭了过往的方案——用户需要将指定内容分享给7人才能拿到奖励红包。

"7"并不是一个拍脑门得出的数字。去年做"虾问"的春节项目时，也有一个裂变活动，当时项目团队实验了"分享不设限"方案和"分享给7人"方案。

（1）在"分享不设限"方案中，用户每多分享给一个用户，都会得到一定奖励，分享人数不设限；

（2）而在"分享给7人"方案中，用户需要完成7次分享，才算完成任务并得到奖励，但奖励的额度比不设限方案更大。

当时的实验结果是，"分享给7人"方案的平均触达子节点数显著高于"分享不设限"方案，因为该方案督促了用户不要只分享给一两个人就结束分享，且更大的总奖励额度也形成了更大的号召力。

此外，"分享不设限"方案引来了很多"薅羊毛党"，同一个人将指定内容分享给了几百人，拉来的用户留存效果极差，"分享给7人"方案在一定程度上规避了这一问题。

这是去年做春节项目时采取的方案，所以大家倾向于在今年春节"无脑"沿用。

但是小格忽然想起，今年"世界读书日"的时候，"虾问"在站内做了一个"到处瞎问"小活动，用户只要分享指定内容给3个好友，就可以得到一个红包，小格翻出那个时候的实验文档，发现里面赫然记录着：活动分享率为43%。

这个读书日活动的分享率可比上个春节时"分享给7人"方案的活动分享率（35%）还要高出好多。

这个数据不禁让小格怀疑，分享给7人的门槛是不是太高了？可能有一部分用户在看到"7"这个数字时就决定放弃参与。因此，小格觉得直接沿用去年的方案有点草率，虽然"分享给7人"方案会使平均触达子节点数增加，但如果降低了父节点分享率，不知道会对 K 值产生什么样的最终影响。

小格和小奋都认为应该把测试做得更精细一些以消除小格的疑虑，在和设计师就布局做出讨论后，大家决定以 K 值为终极衡量指标，又设计了3组实验：

- 实验组1，用户分享给7个人后即完成任务，获得奖励；
- 实验组2，用户分享给5个人后即完成任务，获得奖励；
- 实验组3，用户分享给3个人后即完成任务，获得奖励。

一周后，小格把实验结果的关键数据整理成了表格，如表15-1所示。

和小格预料的一致，完成任务的门槛越低，完成率就越高，其中实验组3（分享给3人）获得了最高的分享率。同时，小格还注意到，实验组3的子节点下载率是最高的，实验组1（分享给7人）的子节点下载率最低。一个合理猜测是，当只需分享给3个好

表15-1　各实验组裂变效率对比

实验组	父节点分享率	平均触达子节点数	子节点下载率	K值（K值=父节点分享率×平均触达子节点数×子节点下载率）
实验组1（分享给7人）	35%	5.1	68%	1.2138
实验组2（分享给5人）	43%	4.2	74%	1.33644
实验组3（分享给3人）	46%	2.7	75%	0.9315

友时，父节点用户会选择与自己亲密度较高的3个人，所以父节点用户的推荐行为更被子节点用户重视，因为"咸读"是亲密的朋友分享给自己的，能够提升子节点用户对于"咸读"的好感和信任度。但是，即便实验组3在父节点分享率和子节点下载率上的表现都是最佳的，它的任务完成门槛也实在太低了。实验组3的父节点的平均触达子节点数只有2.7，这样3个变量相乘，实验组3的K值最低。所以，根据K值进行综合裁定，实验组2（分享给5人）成为最佳方案。

前面提到过，只有当K值大于1的时候，才有可能形成所谓的"行为瀑布"，即累计人数可以呈现幂律增长。

图15-2模拟了理想环境下，3个实验组在裂变5次后的影响力差距。

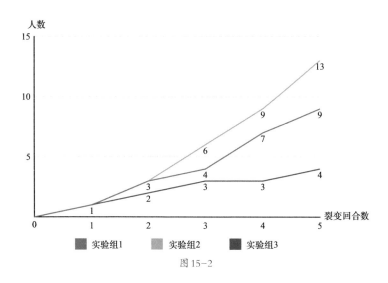

图 15-2

值得一提的是，这里对K值的计算只是一种简化估计，它忽略了网络结构影响、传播效应衰减等因素，在一定程度上失于准确。计算方式是一个思维模型，方便分析师在AB实验中快速择优。

此外，在这个案例中，小格没有考虑裂变的时间差距。值得注意的是，裂变时间可能会是其他案例中的重要变量，最终影响裂变发生的总次数，造成累计结果的巨大差距。

3. 子节点下载率

考虑完影响父节点行为的因素，就该考虑子节点了。子节点下载率的优化和父节点分享率的优化有相似之处，其思路都是利用更合理的信息布局提升用户产生某个特定行为的概率。

常见的优化角度包括强调核心功能、调整奖励额度、提升视觉体验、减少误解和噪音等。

在裂变策略的评审会上，设计师小庄觉得下载转化页过于随大流，只传递给用户"咸读"是个读书App的概念，但没有强调它与其他读书App的差异点。"咸读"的一个核心卖点在于它极好的翻页和写笔记体验，小庄觉得需要在下载转化页上把这些功能告知用户。他建议加上一个模拟体验框，让用户在里面预览性地体验翻页。这个想法获得了小格的支持，因为这会提升用户在下载转化页的停留时长，使用户产生更强的积极互动，从而提升下载转化率。于是，设计师和工程师们加班加点改出了一版新方案，并开始进行实验，下载转化页的UI示意图如图15-3所示。

- 实验组1，老版下载转化页面；
- 实验组2，新版下载转化页面，可以翻页。

实验进行了一周。没想到的是，实验结果与小庄和小格的预料完全相反。用户虽然在新版下载转化页停留的时间更长了，但是下载转化率反而更低了。根据过往的数据，用户停留时长和各行为转化率总是呈现正相关性，但在这个场景中，用户停留时长和下载转化率的正向因果关系不存在了。

小格猜测这可能是因为用户在一个页面上的总注意力是有限的，新版下载转化页中新的交互入口分走了一部分下载入口的流量，出现了渗透率置换现象。此外，这个设计把一部分产品体验放在了下载这个动作之前，这让一部分本来就对这个功能不感兴趣的用户索性免了下载的麻烦。下载转化页的小窗体验效果肯定不及下载App后的正式体验效果，这反而使得一部分用户提前觉得这个App不过如此，直接放弃下载。

与大多数突破性的尝试类似，这次创新也失败了。下载转化页回归了更简洁的老版设计，以使用户的全部注意力集中在下载入口之上。

春节就在眼前，多个实验的优胜策略组合被打包在一起，等待着测试上线。

图 15-3

15.2 瀑布受阻——裂变卡点分析

除夕这天，裂变活动如约上线。新年初一到初五，"咸读"的新增用户数节节攀升，并维持在了一个较高的水平。这个高位是裂变活动前每日自然新增用户数（通过应用商店直接下载的新增用户数）的20倍，效果非常好。

春节假期结束后，小格和小旮一起愉快地看着监控看板，审视着自己的成绩。小格觉得应该详细记录一下这次的成绩，好为日后的"战役"提供蓝本。如同史家附体，小格开始撰写复盘报告，记录下这场效果极佳的实践。

除了记载设计流程、实验结论和后期的指标收益，小格还打算研究一下"咸读"的用户和"虾问"的用户有什么区别，"咸读"是否突破了"虾问"的市场空间。没想到的是，这一分析就分析出了活动的重大缺陷。原本还沉浸在喜悦中的小格，被一棍敲醒了。

小格发现，"虾问"和"咸读"的用户组成显著不同，"咸读"的中老年男性用户和青少年用户的比例明显低于"虾问"。这是什么原因造成的呢？小格回想起活动伊始，小旮画的那两个简笔小人。他打算回到裂变设计的逻辑原点，找到这两类用户在总用户中占比偏低的原因。

小格处理数据后生成了一张分画像用户裂变热力图（见表15-2），以年龄、性别两个维度区分父节点用户，对比父节点用户在各个影响 K 值的指标上的表现。

表15-2　分画像用户裂变热力图

性别	年龄	"虾问"站内占比	"咸读"站内占比	父节点分享率	平均子节点触达数/个	子节点下载率
男性	1~17岁	6%	2%（－）	45%	1.9	89%
	18~30岁	14%	18%（＋）	44%	3.2	78%
	31~40岁	16%	16%（＋）	39%	3.8	72%
	41~50岁	9%	5%（－）	33%	4.3	69%
	50岁以上	5%	3%（－）	31%	3.8	67%
女性	1~17岁	7%	3%（－）	48%	2.1	92%
	18~30岁	15%	19%（＋）	47%	3.7	79%
	31~40岁	16%	20%（＋）	44%	4.2	73%
	41~50岁	8%	9%（＋）	41%	4.3	68%
	50岁以上	4%	5%（＋）	39%	3.9	65%

小格发现，中老年男性（40岁以上男性）用户的父节点分享率偏低，而青少年（1~17岁）用户的平均子节点触达数偏低。以此为线索，小格很快就找到了这个数据现象产生的原因。

（1）中老年男性的父节点分享率低由一个主要因素造成：裂变活动的分享页面设在了个人主页。而中老年男性用户很少查看个人主页，这使得他们看到裂变活动的概率更低。

（2）青少年用户平均子节点触达数低由3个因素共同造成。

• 17岁以上的用户中，有更大比例的人为了快速完成5次裂变，会在短时间内把分享链接发给十几个人。但是青少年用户的人均分享发出数显著较低，在互动上表现出更挑剔和更谨慎的特点。这使得以他们为父节点生出的子节点的量更少。

• 很多用户会直接把分享链接通过站内私信转发给站内好友，但是青少年用户在站内已经形成的"互关"对数偏少，大部分分享使用的是站外渠道，也就是说他们的社交关系不在站内。这就造成，对于青少年用户的子节点用户而言，他们是在其他社交平台上看到并打开链接，再跳转至下载转化页，链路更长，中间环节更多，导致触达的折损更大。

• 青少年用户的群落特点是最强的，即他们的绝大多数"互关"好友是同画像的年轻人，他们对于其他圈层有较强的排他性。图15-4所示的各个画像用户的"互关"情况很清晰地反映了这个现象。青少年用户的群落特点是"信息瀑布"的天然敌人。青少年用户在群落内部紧密连接，但是和外部关系较弱，因此外部因素很难影响他们。小格的脑海中浮现出了一幅画面：青少年用户仿佛住在一座城堡里，这座城堡无法轻易攻破。

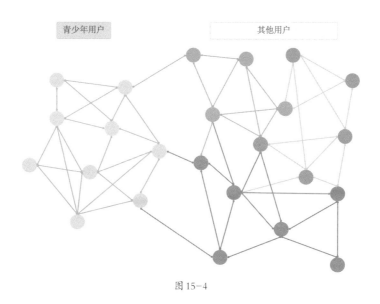

青少年用户　　　　　　其他用户

图 15-4

15.3　攻入堡垒——个性化裂变

中老年男性用户的问题相对好解决，既然他们不怎么爱去个人主页，那么就直接在他们使用率更高的页面设计导流位即可。

青少年用户的问题不太好解决。原因前文已经提到，概括起来就是，青少年用户对关系更挑剔、站内关系少、圈层隔离强。这里有很多刚性和外在的因素，影响很大，但是小彭和小格还是想尝试剖析一下青少年用户的心智，看看有什么更适合这一群体的产品策略。

经过一轮新的分析，小格发现，青少年用户在两种行为上有更高的活跃度：一种是个人主页信息填写，另一种是私信发送。小格认为这反映了这一群体的两个特点：首先是对于个人形象非常在意，其次是社交关系呈现少而精的"密友"形式。

小格觉得当前活动页的宣传方案只偏向强调阅读的便捷舒适，对于青少年用户的这两种心智特点的匹配都是不足的。针对这一洞察，小格、小旮及"咸读"的产品团队进行讨论，认为需要推出一个新的活动页，重点宣传"咸读"的书架功能。原因是书架可以传达给用户一种个人空间般的印象，并且可以作为一种展示页面开放给其他用户参观，构成"密友"社交的载体。

如果要把书架打造成一个卖点，新问题就来了。现在大多数用户的书架上，只躺着一两本赠书。

为了鼓励用户充分利用书架，并借助这个阅读空间展开社交，产品团队想了两个差异较大的方案。

• 方案1：用户可以在自己的书架上找到红包用于购书，并以送书为目的邀请好友下载"咸读"。好友进站后，会发现书架上多了一本朋友送的书。

• 方案2：用户能够装修书架，比如更换自己书架的背景墙、书柜纹饰，甚至可以购买摆件，并邀请好友参观。

过了没多久，两套方案都被开发出来了，并面向所有画像的用户进行实验，重点观测指标是"咸读"的新增青少年用户的占比变化。

实验进行了4天，虽然还没到实验回收期，小格却迫不及待地查看了实验数据。他发现两套方案的青少年用户参与度和裂变效果都远好于目前的线上版本，同时，方案1（送书给对方）的平均触达效果更胜一筹。小格向小旮预言，"利他主义"看来要再次获得胜利。

实验进行到第7天，小格着手回收实验数据。但是，他发现：一周以来，方案1在青少年用户分享率上的领先优势在逐渐变小。尚未收敛的指标通常意味着，最早进组的用户和稍晚进组的用户在行为和心智上可能存在差异，因此两个方案的胜负尚不能最终敲定。

直到第2周，指标走势终于见稳，小格这才回收了数据，他发现，方案2的日分享率已经超过了方案1，如图15-5所示。通过一番研究，小格认为，方案1在头几天吸引了一批对红包和礼物更敏感的用户，但是方案2的分享率表现更持久。此外，方案1中，很多人在用完红包后就停止了分享行为；而在方案2中，一些用户会在实验周期内反复布置书架，并多次邀请参观者，这抬升了分享率。

再来对比一下实验最后一天的书架存放图书数，方案2的用户的书架上平均有6.7本书，方案1中的这一数据为3.2本。伴随着书架的丰富度提高、差异性增强，书架主人的个人形象就越鲜明，活动的感召力也越强，因此，方案2中书架的人均访问量和留言数是更高的。综合来看，方案1的爆发力强但后劲不足，方案2是长期的更优选择。

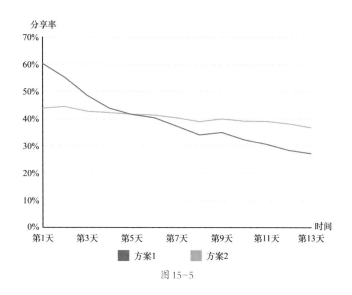

图 15-5

方案2上线后，因为网络效应的作用，其实际效果比实验阶段更胜一筹。书架功能显然对青少年用户有更强的吸引力，小格对青少年用户心智的猜想得到了验证。

小格要将这段"补短板"的过程也写入自己的复盘文档。反思前后两种裂变策略，小格有了一些新的感触。金钱激励不等同于产品价值，一般更适合用来鼓励某种单一回合的行为，比如下载。对于应该长期使用的功能，如果不能做到将金钱和产品价值强绑定，金钱激励反而会带来负效应——用户会把注意力转移到拿钱这件事上，并忘却体验产品功能。当金钱激励这种外在因素消失后，用户也容易因为动机丧失而流失。这对于产品而言是得不偿失的。

只有让用户看到产品的真正价值，裂变才能够像瀑布上游被轻轻撒下的种子，随着强大的势能散播到远方。

第16章

我们的"友商"在干什么
——竞争分析

谁都遇上过让自己束手无策的对手,有的对手让人措手不及,有的对手强大到仿佛不可战胜。

《星球大战》电影系列中,代表正义的反抗军同盟一直受到银河帝国的压制。银河帝国有一个终极武器——死星,一颗配有超级激光炮的高科技星体,其威力足以摧毁一整颗行星。相比之下,反抗军军备差,都是散兵游勇,只有四处打游击战的本事,如果乱拳出击,只能是死路一条。

很多时候,不仔细研究对手,不会觉得自己还有机会。眼看着银河系被死星带来的恐怖氛围笼罩,事情却出现了转机。反抗军获得了一张死星地图,经过细致的研究,他们发现死星有一个难以察觉但是极度致命的缺陷:死星中心的核反应堆有一个细小的排气口通往其表面。这成为反转局势的突破口。

故事进入高潮,反抗军佯装正面攻击,造成飞蛾扑火的假象,天行者卢克则担负真正的战略任务,偷偷跑到了排气口外端,对其来了一枪。这一枪直穿死星的中央,引起了连锁反应,整颗死星从内部被炸毁。

在这个故事中,银河帝国在战略上犯了轻敌的错误,而反抗军认真地研究了对手,成功以弱胜强。在接下来的故事中,我们将会看到,商战也是如此,观察对手,寻找具体的战略着力点,也许更能达到事半功倍的效果。

16.1 被动出击——揣摩竞品的敌对行为

这天是一个寻常的工作日。

"张小宇被挖到'乐乐店'了!"电商App"悠购"运营负责人小文冲进办公室大喊。如同平地惊雷,这句话把埋在显示屏后的"脑袋"们炸了出来,充分体现了什么是"新闻越短、事情越大"。

　　张小宇本来是"悠购"的知名带货主播之一，现在被竞争对手"乐乐店"以独家签约的方式挖走了。张小宇有千万粉丝，其每场直播的销售额可达数亿元，他这一走，肯定会有一大堆用户追随而去，这对"悠购"的用户量和GMV都会有直接损害。

　　大家的心情很复杂。张小宇是在"悠购"这个平台上成长起来的草根主播，他现在的行为的确给人一种弃舰而逃、投靠敌营的背叛感。除了背叛感之外，"悠购"员工还感受到强烈的不安。虽然"乐乐店"的崛起势头很快，但是在"悠购"员工心里，敌我双方一直有着快艇和航空母舰般的悬殊差异，对方不是"悠购"需要正面迎战的对手。可是，这次的信号充分表明"乐乐店"已经成长起来了——能够以独家签约的形式挖走头部主播，意味着它不仅有财力，还对自己的产品留存有足够的信心。

　　对"悠购"来说，新的竞争局面已经到来。

　　好在，"悠购"平台的头部主播分为S级与A级，张小宇属于A级主播，比S级主播的粉丝量和流水还稍逊一筹，还有两位S级主播没有流失。小文赶紧指挥团队联系他们："稳住S级主播，别让他们也跑了。张小宇原本的流量从今天起都会分到他们那边。"所有人听罢，立刻忙了起来，如同士兵慌忙修建防御工事。

　　在讨论、跑动和拨电话的氛围之中，数据分析师小格却在发呆，他在思考张小宇为什么会以这种决裂般的姿态离开。他想到，除了巨额签约费的诱惑和独家合同到期外，张小宇过去半年在"悠购"应该过得不是特别舒服。过去这半年，"悠购"想要扶持腰部主播，让整个直播电商的生态更有多样性、降低过度依赖少数主播可能产生的风险。因此，10个大主播都被多多少少"砍"了些流量。小格打开直播间的监控看板，对比了张小宇和其他主播的观播用户数，发现虽然张小宇、S级主播甲和S级主播乙被砍掉的观播用户数差不多，但是张小宇的粉丝总量小一些，因此被砍掉的观播用户数占比更大，如图16-1所示。这一策略对张小宇应该是个大打击。他的离开，很可能带着不服气的成分，他想换个地方实现未酬的壮志：去"乐乐店"当一把手。

　　想到这里，小格赶忙查看了一下数据，按照流量缩减的幅度列出了一份和张小宇遭受类似打击的主播名单。这是一份高危名单，名单上有几个和张小宇的粉丝量相似的知名主播，这包括了大多数A级主播。

　　小格觉得，这份名单上的人可能比S级主播更有离开的动机，因为以"乐乐店"现有的用户基数还撑不起来S级主播的流量，即使"乐乐店"给的签约费再多，他们也不至于去"乐乐店"开一个观众明显更少的直播间。小格从工位起身，打算把这份名单拿给小文看，告诉他如今的当务之急可能不是一股脑儿把流量补给S级主播，而是关注这些高危主播。但是走了两步，小格又犹豫地转回了工位。还有一个问题他没有想通，名单上的这些主播都很有名。为什么"乐乐店"先挖走张小宇，而不是别的主播？这是一个完全随机的事件吗？还是张小宇有什么特殊之处？

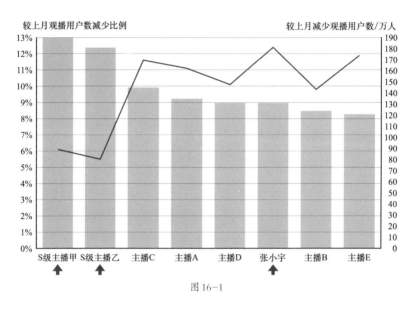

图 16-1

小格平时不怎么看张小宇的直播，所以无法根据经验很快下一个定性的判断，不过没关系，身为数据分析师，他知道怎么快速找依据来回答这些问题。

小格快速地写起SQL代码，以查看名单上的主播的粉丝群、观播用户画像，以及用户在直播间下单的商品特征。

将高危名单上的主播们横向对比，做TGI分析。TGI（Target Group Index）指数反映某个子群体的特征，与总体相比是强势还是弱势。TGI大于100，代表子群体的特征更强势。TGI指数 $= \dfrac{\text{子群体中具有某一特征的群体所占比例}}{\text{总体中具有相同特征的群体所占比例}} \times$ 标准数100。小格发现张小宇在多个维度上的排名可以排进前三，包括粉丝群和观播群中的男性用户占比、直播间客单价、直播商品中的电子产品和男性鞋包占比，见表16-1。这组数据让"乐乐店"的挖人动机逐渐浮现了出来，他们想要借此吸引的应该是中高消费水平的男性客群。

"乐乐店"早期以销售高性价比、低客单价的生活必需品吸引了大批价格敏感型用

表16-1　直播间特征TGI分析

主播	直播间特征TGI分析						
	男性粉丝TGI	男性观众TGI	客单价TGI		电子产品TGI		男性鞋包TGI
主播A	145	131	101	……	143	……	176
张小宇	139	146	114		201		209
主播D	137	141	88		87		167
主播E	123	135	96		102		198
主播B	119	108	109		198		298
主播C	101	102	105		189		232
S级主播乙	91	93	123		89		67
S级主播甲	89	91	129		78		56

户，现在，小格隐隐看到了"乐乐店"的泛化野心。"乐乐店"的运营人员分头混在"悠购"各主播的观众群中，暗中做着统计，最后锁定张小宇为合适的挖角对象。如果真是如此，对手的严密推演和有的放矢令他背后冒汗。

小格把这一猜想告诉了小文。小文立刻意识到，基于当前推理，刚才所说的向S级主播导流的方案恐怕不是最佳的，甚至还会有副作用。因为"悠购"的S级主播的直播间流水最大的是化妆品、美容仪和保养品，消费主力军是女性。如果将张小宇剩下的流量都导过去，几乎等同于直接冲男性用户们喊话："'悠购'不适合你，快去'乐乐店'吧。"

不能这么将用户拱手让人，小文和运营团队展开了新一轮的讨论，修改了作战计划，按照小格提供的主播侧写，迅速锁定了3位能够真正替代张小宇的A级主播。

在百万级粉丝主播中，这3位主播拥有最大的男性观众占比，在选品倾向上能够真正填补张小宇离开后留下的空缺。同时，将这3个粉丝放在一起后去重，与张小宇的粉丝相比，能够达到81%的重合度，见表16-2。这3位主播将被给予更充分的定向曝光——特定画像的用户能够在进站后的明显位置看到他们的直播间。

几天后，张小宇在"乐乐店"首次直播，正如小格预料的那样，"悠购"的站内数据的确掉了一小截，尤其是男性观播用户数。但因为小格和小文提前采取了很有针对性的防御性策略，这一数据很快得到了恢复。挖人事件发生的几周之后，"悠购"的中高消费水平的男性用户占比和留存率没有出现显著异常。

表16-2　去重后的粉丝重合度

	男性观众占比	与张小宇的粉丝重合度
主播A	31%	42%
主播D	28%	47%
主播E	23%	36%
主播B	19%	14%
主播C	17%	23%

主播A和D与张小宇的粉丝重合度：63%

主播A、D和E与张小宇的粉丝重合度：81%

主播A、D、E和B与张小宇的粉丝重合度：83%

主播A、D、E、B和C与张小宇的粉丝重合度：84%

"乐乐店"的这场突袭，虽然一开始让"悠购"有些手足无措，但最终"悠购"还是稳住了阵脚，从对手的意图出发排兵布阵，这算是给之后的竞争开了一个比较好的头。

16.2 全面防御——因地制宜的竞争策略

虽然第一战打得还不错，但"乐乐店"的快速成长和精准出击依然让"悠购"后怕。

大家决定在现有的组织架构之上成立一个跨部门的虚拟组织——抗竞品作战小组，开始主动地全面防御，防止被动挨打。

成立抗竞品作战小组是定下来了，但是该怎么布局？即使像"悠购"这样的大平台，也不能一股脑儿地在所有战场上和竞品大打出手。

战略应该有轻重缓急之分，但就当前的局势看，"悠购"在所有维度的用户数和GMV仍然遥遥领先于"乐乐店"，没有人可以一眼看出危险区在哪儿。"悠购"需要先派出"侦察兵"和"测绘员"，制作一张"作战地图"。

"测绘"的任务显然要由数据分析团队来完成。

那么，怎么定义危险区呢？小格认为首先要找到以下两拨人。

（1）两个产品重合度最高的人群。这是"乐乐店"最能对"悠购"构成威胁的地带，也是"乐乐店"能发展壮大的主要原因。

（2）"乐乐店"增速最快的人群。这一人群肯定是"乐乐店"新的目标，是它集中火力想要蚕食的地带，即使人群规模暂时不大也应该引起重视。

依靠第三方数据，小格反复比照了两个App在用户性别、年龄、地域、线上消费意愿上的竞争态势，梳理出了需首先布局的两个战场。

- 正面战场：主要防御地带，以价格敏感型用户为主；
- 侧面战场：战势升级地带，以城市白领和学生为主。

至此，抗竞品作战小组明确了正面和侧面战场，大家兵分多路，针对"乐乐店"的作战方案也逐渐变得明晰了。

1. 大力不如巧劲

"悠购"的领导层极其重视这场防御战，决心投入大量资源，并且做了一个重要决定：单独做一个主要针对价格敏感型用户的App，近身对抗"乐乐店"。这样做的好处有很多："乐乐店"在努力做用户泛化的时候，不一定能兼顾其主阵地；另外，新App的目标客群非常明确，所有的产品研发团队都面向价格敏感用户做设计和开发，供应链的构建也讲究物美价廉，这样所有人既不会分心，也不用担心与其他团队产生资源冲突。

对于拥有App矩阵的"悠购"来说，再做一个新的App着实不是什么难事，供应链和研发也都可以又快又好地嫁接中台。产品团队认真分析了用户心智，详细研究了"乐乐店"的核心策略鸣锣开工。3周过后，这个被命名为"省老师"的App就上线各大应用商店。"省老师"的品牌标志是一头戴着眼镜的卡通犀牛。

团队努力把这只"犀牛"尽快塞满公交站台、地方媒体和各个社交平台，新用户也开始进入，但新用户数着实令人失望。在几乎狂轰滥炸式的宣传期，日均新增竟然不足30万，虽然站内留存率还可以，但是根据小格测算，按照这个速度，"省老师"花一年的时间也追不上"乐乐店"当前用户量的一半，而真到了一年后，"乐乐店"的用户量很可能已经翻倍。

"悠购"的传统策略失效了，数据道出了一个无情的现实：这头"犀牛"不是什么天降奇兵。"悠购"的产品团队不由得陷入焦虑。

小格沮丧地拿着测试机，浏览着"省老师"的页面。他觉得进入这个App后的体验还是不错的，最大的问题可能就是它和其他电商App的差异太小，用户缺乏动力重新下载、注册、填写信息；同时，现今的获客成本高、渠道转化率低，使得市场投放的效果比不上"悠购"刚上线时使用相同策略的效果。

陷入自我怀疑的小格下意识地在"省老师"的搜索框里输入"垃圾"两个字，搜索结果页中出现了一排垃圾桶，好几个单品的价格都在10元以内。他又下载了"乐乐店"，注册了一个新账号，想看看对于没有历史记录的新用户，"乐乐店"会不会给出力度更大的优惠。结果"乐乐店"也呈现了类似的低价商品，两个App上的产品便宜得不分伯仲。

接下来，小格下载了"悠购"，同样新注册了一个账号，做了同样的搜索，搜索结果页中垃圾桶的价格都是二三十元，高了不少。面对这3个App的搜索结果，小格起初觉得非常符合预期，"省老师"做得也不错。但是转念一想，自己是从什么时候起下意识地觉得"悠购"是个中高消费的App了？即使市面上有了两款主打低价的App，"悠购"也应该是面向全人群的。同样是使用的新账号，"悠购"推荐的商品为什么会贵那么多呢？因为终日思考着"省老师"的低价定位，小格早已不自觉地把"悠购"定位为中高消费App。

小格需要立刻检查一下，这个搜索结果只是他的个人体验，还是一个普遍现象。"悠购"是否在变得对价格敏感型用户越来越不友好？

对于大多数搜索结果页而言，推荐系统总是把用户最可能下单的商品尽量排在前面。为达到这个目的，推荐系统会综合考虑很多参数，比如用户的行为和商品的属性。推荐系统会给每个参数一个权重。越是重要的参数，权重越大，对最终排名的影响也越大。最近几年，推荐系统实现了"自动搜参"，即推荐系统不再依赖于人来制定权重，而会自己尝试新的参数，调整它们的权重，找到效果最好的参数组合。

小格想要了解的是，"价格"这一参数的权重在过去一段时间的变化。算法工程师从系统里调取了所有参数的权重变化，并将其绘制成曲线。两人面对屏幕，惊讶地发现，价格这一参数的权重在逐渐下跌。

这是一个很重大的发现，该权重的下跌，说明价格的重要性在降低，也说明用户的下单意愿与商品便宜与否的相关性在下降。小格猜测，或许正是因为"乐乐店"的崛起吸引走了大量的价格敏感型用户，使得"悠购"的用户中非价格敏感型用户的占比在慢慢增大，他们对商品性能和外观的要求更高，而对价格没有那么挑剔。当这样一群人变得越来越主流，"悠购"的推荐流就会倾向于认为新用户和低活用户也是这样的人，从而不把便宜的商品放在最前面。可想而知，在这样一个环境下，价格敏感型用户会越来越快地从"悠购"流失，甚至高消费人群也会养成来"悠购"买贵的商品去"乐乐店"买便宜商品的心智，把"悠购"的推荐流变得愈发对价格敏感型用户不友好。（价格权重下降的现象在实际工作中可能是很多原因造成的，此处只针对竞争场景的背景提出一套假设。）

"省老师"的一个重要的用户获取渠道就是从"悠购"引流，但现在，这种策略在小格看来不仅不能用于对抗"乐乐店",可能反倒强化了"悠购"是一个高消费平台的用户心智,变向助攻"乐乐店"。在"省老师"获客如此之难的背景下,"悠购"依然是其直通价格敏感型用户的最主要桥梁,因此与其另辟蹊径,不如在"悠购"中开展一场价格治理行动。

小格将关于价格的发现写成了报告,并着重罗列出价格权重降低最明显的商品组,作为价格治理的重点对象。

这份报告被认可之后,抗竞品作战小组的战略重心也逐渐从"省老师"转移到"悠购",紧急修正了"悠购"中所有可能让新用户对其产生"高端"认知的推荐逻辑。

2. 蛮干不如借力

依照第三方提供的地理信息和市场调研数据,小格和同事们做了一个战势图,如图16-2所示,估计出了每一个行政区里,"悠购"的用户数和"乐乐店"的用户数的对比结果。这个指标被称为用户竞对比,均值是5(即5∶1)。用户竞对比越大的区域,颜色越红,说明"悠购"的用户数遥遥领先,用户竞对比越小的区域,颜色越蓝,说明竞争对手的用户数正在或已经赶上自己。

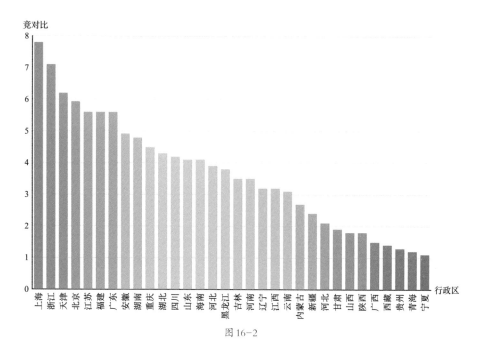

图16-2

这幅图每天更新,抗竞品作战小组的人员每天都会打开它研究一下"战局"。用户数最大的沿海地区似乎相对安全，但大家眼看着中部区域的颜色越来越红，用户竞对比在这些地区减小得非常快，在一些四、五线城市以及一些乡镇地区，这一指标甚至已经减小到了1。因为无法取得竞品的内部数据，小格只能抱着试一试的心理，研究一下"悠购"中处于"泛红区"的用户是什么状态。小格将用户竞对比小于2（橙色到红色）的地区定义为"战势紧张地带"，并从这些区域抽取了一部分用户，研究他们在站内的指标变化。

在比较了多个维度之后，小格发现两个指标存在骤然的变化：最近两周，用户竞对比小于2的区域中的新增和回流用户数相对其他较安全地带有明显跌幅，其中，日新增用户数的变化情况如图16-3所示。

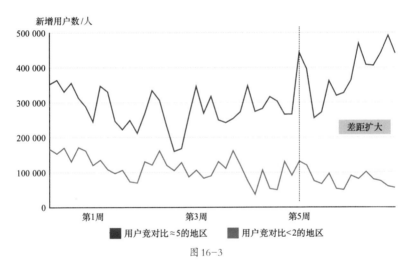

图 16-3

小格判断，"乐乐店"一定是做了什么了不得的事情，在新增和回流用户上造成了明显的抢量。他把这个现象告诉了运营人员，运营人员当机立断，分头前往5个抢量最严重的地区，去现场看看是怎么回事。

运营人员走街串巷，很快就发现了"乐乐店"葫芦里卖的药——红包和社交裂变。老用户可以邀请好友进站砍价，"砍一刀"后，双方都可以获得红包或者优惠券，对价格敏感型用户而言，这种拓客方式尤为有效。"乐乐店"将这种策略先在一些中西部城市投放，一方面是因为这种策略对价格敏感型用户更奏效；另外一方面就是为了绕开"悠购"。身在一线城市的"悠购"工作人员和其他一线城市用户是一样的，不会那么快就察觉到自身视野之外的情况。还好数据分析团队建设了每天更新的战势图，使得区域性的策略也能够被发现，且发现得不算太晚。"悠购"紧急响应，也开始在类似区域上线相似的裂变补贴策略。

新增和回流用户数很快开始回升，但是和历史最高水平仍然有一大截差距。现在的用户竞对比暂时稳住了，但"悠购"还没有扭转战局。因为"悠购"匆忙地模仿了"乐乐店"的裂变补贴策略，但并没有来得及添加什么新玩法，当前毫无差异化的策略使"悠购"较"乐乐店"而言始终慢了一步，这是采用"跟随"战术的常见问题。"悠购"还是要继续想办法提升用户数据。

有人建议应该再多发一些钱，以量变换取质变。正当众人质疑这种策略的成本之时，小格回忆起了之前对价格权重的研究，忽然有了灵感，提出了一种省钱的新策略：促进用户多做分享，就能通过老用户拉来更多的新用户。这只要在商品推荐流的融合公式中，调大"分享"这一动作的权重即可。当前的主页推荐流是以用户的行为为特征，以用户的停留和下单为主要目标来生成商品排序的。正常的逻辑是用户的行为影响商品呈现的排序，即用户通过点击、收藏、下单或分享来改变主页推荐流的展现。而小格的想法是把流程倒过来，通过改变主页推荐流的展现去影响用户的行为，让他们多分享。相比之下，这是一种更传统的"专家指导"的主页推荐流。

小格的想法被采纳了。在调大"分享"这一动作的权重的实验组中，大家观察到，虽然主页推荐流的人均停留时长有所下降、下单率也有一定程度降低，但是平均分享率显著提升，用户分享了更多的商品链接到站外。老用户拉来的新用户数有了非常显著的增长。

这种策略很快在竞争最激烈的区域上线了。因为这种策略带来了站内活跃度和人均收益的折损，所以会在一段时间内牺牲部分GMV，但其实现了明显高于竞争对手的裂变效率，用户竞对比逐渐回升至安全区。这种策略并不会长期存在，但作为一种短兵相接时的突围手段，它能够在战略上发挥长期作用。

第17章

大数据时代也离不开问卷
——心理量表的新用法

成功没有捷径可走，这是一句励志的话，但这并不表示我们要在方法论上局限自己。阿加莎·克里斯蒂（Agatha Christve）笔下的马普尔小姐就是这么一个不囿于任何既定体系的侦探。

与福尔摩斯和波罗更为"本格"的作风相比，马普尔小姐是位有一些出格的女士。她根本不是个正儿八经的职业侦探，总是在打毛衣之余掺和一些案件，解决问题时也非常不"循规蹈矩"。在《谋杀启事》中，她依靠"暗落落"收集乡间的闲言碎语、反复向警员套话，推理出了凶手的杀人动机，在尚无铁证的情况下，把凶手说崩溃了，让对方供出最后的证据，最终伏法。

可以想象，福尔摩斯和波罗如果见到这个老太太，估计会眉头紧锁，认为她这流派不清的行为属于违规操作。而马普尔小姐估计会觉得另外两个侦探有点儿一根筋：福尔摩斯太过于依赖物证，搜证时追、赶、跑、跳、碰，太累；波罗太喜欢组织所有嫌疑人开会，这会使凶手过于警惕，也累。

马普尔小姐的特长就在于，在她道出真相前，很多人都不知道她也在查案，连自己已经被盘查过了都不知道。她的做法给实际工作的启示是，我们在娴熟掌握大数据统计手段、把物证推理做到极致的今天，依然可以通过"心证"推理实现洞察。她还教导我们，要尽量不刻板地获得心证，并跨过心和物的藩篱，巧妙地将心证和实证匹配起来解题。

这听上去有些玄之又玄。

17.1 用户抑郁了吗——产品需关注的道德风险

"又那么早来公司喝茶看报呢？"一个带着调侃意味的声音从数据分析师小格后方传来，是路过的同事小旮。

小格并没有关掉自己浏览的新闻页面，而是顺势对小旮说道："你看，这篇文章说有些App中的文章会让人产生焦虑。

产品经理小旮收起了笑容，俯下身来看这篇文章，立刻和小格一样严肃起来。他们不禁担心起自己参与设计的"果冻"是否也会产生负面社会效应。

"果冻"是一个分享视频和图文的社区型App，上线5年，早已进入成熟期，各项指标稳中有升。它和Instagram的运营思路有些类似，供用户分享美好的生活瞬间、记录有趣的事物和地点。正因为如此，小格觉得Instagram给美国社会带来的问题，"果冻"要引以为戒。

小旮和小格把这篇文章在周会上提了出来，试探性地指出事态的严峻性，建议整顿"果冻"的内容，减少"果冻"推荐里对容貌、身材和精致场景的过度描绘，但此建议招致大量反驳。

大部分产品经理都觉得，"果冻"之所以吸引人，就是展现了一种令人向往的生活状态，好看、健美的人是可以激励大家自我提升的。

另有几个工程师直截了当地反问道："我们为什么要打压美？"

运营组的同事甚至根本不相信这篇文章的真实性，认为这是老派媒体人看不惯新媒体的一贯攻击手法。

算法工程师则预测道："如果在分发上控制了那些精致的内容，用户的停留时长和留存率应该会受影响。"

最后，"果冻"的负责人终于发话，他认为：关于是否整顿内容，这是1号问题，大家应该先回答0号问题——"果冻"究竟会不会对用户的心理产生某种负面影响？

大家看向小格，因为这类0号问题通常需要数据分析师来评估。这个问题显然有点难衡量，毕竟没人能安装个埋点上报器到用户的心里。

数据分析师定位问题的方法主要来自数据洞察，没有数据的分析如同无米之炊。小格还想琢磨怎样通过点赞、分享以及用户的其他行为来反映用户的心理状态，但他的沉思被小旮打断："用行为数据解这个问题基本没戏。"小旮认为在这个问题上，埋点的意义基本失效，因为用户很可能一边给达人点赞，一边自我厌弃。

"我们来个老调重弹，发问卷吧！"这是小格没有想到的思路，但是他立即同意了。站内客观的、定量的数据很难准确反映用户的心理状态。当衡量手段不能充分刻画所提的问题时，就落入了统计效度不足的坑（关于效度和信度的内容在第3章已经叙述过，此处不赘述）。

17.2 焦虑的抗焦虑项目组——巧妙向用户提问

小格和小旮组成了双人迷你项目组，起名为"抗焦虑项目组"。因为两人刚遭受了一场打击，所以该项目组的目标是，既帮助用户对抗焦虑，也通过相互鼓励减缓彼此的工作焦虑。既然决定了发问卷，接下来就要讨论问卷的发放形式了。

"果冻"以往采用的问卷发放形式是发送站内信，用户在消息模块可以看到问卷，然后进入、填答、提交。小格和小旮本想直接利用这套问卷调查工具，但是发现当前的问卷发放形式存在重大缺陷，他们先要对问卷做样式上的大改版，问卷的改动点及改动原因如表17-1所示。

表17-1 问卷的改动点及改动原因

改动点	老版问卷	新版问卷	问卷改动原因
问卷入口	问卷入口在消息模块	问卷入口移到主页推荐流	通过检查上一回调研的数据，发现提交问卷者的平均次日留存率达到了89%，而"果冻"全站用户的次日留存率不过72%左右，这会使收到的答案主要反映高活跃度用户的心声，严重缺乏代表性。问卷入口移动到主页推荐流后覆盖的用户群体更大
问卷页	需要跳转到问卷页才能开始回答	在主页推荐流刷到问卷后可即刻回答，回答完后滑走就行	消息模块的渗透率低，跳转有延迟，问卷问题太多，导致填答率长期不足5%
问题设置	一个用户需要回答多个问题	一个用户只需要回答一个问题	问题太多，既干扰用户，又降低问卷完成率，影响对结果的分析
确认按钮	假设按钮"是"永远在左边，"否"永远在右边	让按钮"是"或"否"以各50%的概率随机出现在左右两边	大多数App的右侧、底栏入口往往会有更大的天然流量（与大部分人惯用右手和交互设计的历史承袭相关）。对于问卷答案而言，假设按钮"是"永远在左边，"否"永远在右边，就会有更多用户下意识地点击"否"，造成回收结果不可信

定好了问卷样式，就该确定问卷的内容了，问卷修辞是影响统计效度的关键因素。小格和小旮并不擅长这一块，于是找来用户研究中心的同事帮忙。小格一心想着追求极高的统计效度，便提出应该直接问"今天你感到焦虑吗？"。用户研究中心的同事指

出，虽然直接询问"是否焦虑"的统计效度更高，但在做产品问卷时，要尽量少用"腻烦""自卑""焦虑"这种负面词汇，否则会强化用户的负面联想，传达一种用"果冻"会变自卑的信号，这会对"果冻"的形象造成很大的伤害。

在用户研究中心同事的建议下，待投放的问题定为如下两个用户会随机看到其中一个问题：

（1）你感到自信吗（实际用于调研容貌焦虑、自卑等问题）？

（2）你对自己的生活条件满意吗（实际针对的是炫富问题）？

问卷的设计还有很多关键要素，比如代表性、样本量、问题布局的结构化设计、无效问卷筛选、误差分析等。对于传统调查时代就已经确立的问卷调研的诸多方法论，此处就不赘述了，下面只谈谈大数据背景下产生的问卷分析手段。

就在小格和小昝认为方案简直完美，万事俱备、只欠开发之际，他们却遭遇了研发工程师的强烈反对。因为这套问卷的开发成本非常高，研发工程师觉得为了这样一项调研投入这么高的成本是不值得的。

正当小格和小昝不知所措之时，运营组的同事出来解围了。他们也认为老问卷样式有诸多问题，这套新问卷更好，说不定可以反复使用，不如将其固化成一套可自由配置和回收问卷的工具，并与专门研究用户心理状况和态度的平台结合。问卷展示效果如图17-1所示。这个平台可以将用户的主观反馈和用户的站内行为、画像数据相连接，

图 17-1

研究人员只需要拖曳数据就可以做多维度的交叉分析。

研发工程师终于被说服了，开始进行开发。就这样一路坎坎坷坷，小格和小旮终于将第一批问卷投放了出去。

17.3 实证和心证的交汇——定性和定量分析相结合

一周过去了，问卷的累计填答率竟然达到了76%，小格和小旮感到欣喜。但由于问卷研究平台还没有开发完，因此小格只好手动对回收的答案做处理。

1.画像匹配

小格将回收的答案和用户画像做了匹配分析，只需要将问卷上报时的账户ID和相应画像的账户ID匹配上，就可以从各个维度研究回收的答案。

他先分析了性别维度，如表17-2所示。

表17-2 分性别的问卷结果统计

分问题填答情况	男性用户	女性用户
回答"感到自信"的比例	56%	32%
回答"对生活满意"的比例	51%	47%

女性的自信程度明显低于男性，再结合性别和年龄的数据来看，19~25岁的女性是最不自信的，如表17-3所示。这比新闻报道里提到的某些文章的"受害者"的年龄（13~18岁）要大一些。

表17-3 分性别和年龄的问卷结果统计

调研目标	男性					女性				
年龄	18岁及以下	19~25岁	26~35岁	36~45岁	45岁以上	18岁及以下	19~25岁	26~35岁	36~45岁	45岁以上
回答"感到自信"的比例	53%	63%	68%	57%	51%	30%	26%	31%	35%	33%
回答"对生活满意"的比例	35%	44%	35%	56%	69%	29%	41%	32%	49%	56%

注意，因为站内问卷是自愿提交的，从经验上来说，对App有好感的用户更乐意填写问卷，所以回收的答案会比实际情况更乐观一些。分析时，单个群体的正向答案的比例只能作为参考，而群体间的相对差异往往能呈现出更重要的信息。

从画像层面来看，导致人们焦虑的问题或许在"果冻"也存在，但仅仅根据当前的数据还不能草率下结论。

2. 行为匹配

为了尽可能地削弱外部因素的干扰，小格只提取了19~25岁女性用户的数据，将她们的答案关联到其在站内的浏览行为，研究她们所浏览的站内内容是否和她们的答案相关。

以下是小格的最终发现。

- 发现1：看越多探店、读书、宠物类内容的用户，自信的概率越大。
- 发现2：看越多健身、美妆类内容的用户，不自信的概率越大。
- 发现3：看越多同性别、同年龄段账号内容的用户，不自信的概率越大。
- 发现4：看越多家装、奢侈品介绍类内容的用户，对生活不满意的概率越大。
- 发现5：看知识分享类内容的多少与用户是否自信的相关性不强；但是在知识分享类内容下，看职业介绍类内容占比越大的用户，不自信、对生活不满意的概率越大。

有了上述发现，小格和小旮的信心稍微增强了一点，他们假设：不自信的用户看得更多的品类，正是影响他们自信度的原因。

当然，因果关系也可能是倒过来的：天生不自信的人更喜欢看对自我要求苛刻的内容。

因果关系具体是怎样的，有待在实验中验证。

17.4 灵魂工程启动——固化心理分析工具

算法工程师打算进行一些探索性实验，来研究这些发现的合理性。此时的大家都开始感到兴奋了，仿佛马上要化身心理学家了。他们打算调整参数，先整体降低健身、美妆和奢侈品等内容出现的概率。"内容打压"实验组便用来检查内容和用户心理状况的因果关系是否真的存在，如果证明确实存在，再做精细化调整。

和传统的AB实验不同，这个实验涉及用户心理变化的归因，已有的所有观测指标都无法反馈用户心理状况的转变。所以，为了衡量实验结果，依然需要继续投放问卷。

　　通过进一步的开发，对照组和实验组的用户都能够在主页推荐流中刷到"你感到自信吗？"这个调查问题。

　　实验上线后，实验组的站内停留时长明显减少了，其他互动指标也有所下跌。但是，小格欣慰地发现，实验组的回答中，持正向态度的比例明显高于对照组。而且，随着实验的继续，越晚填答问卷的用户，在对照组和实验组中的自信率的差异越大。因为实验首日就填答问卷的用户是最沉迷于"果冻"的高活跃度用户，其持正向态度的概率更大；而越晚填答问卷的用户为低活跃度用户的可能性就越大，其表达负面态度时就会越直接。实验效果在后期参与进来的用户中更加显著，如图17-2所示。

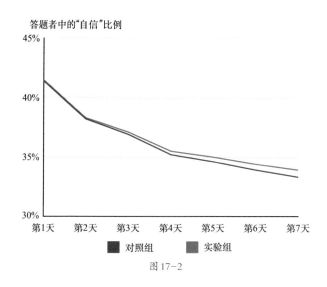

图 17-2

　　小格还发现，低活跃度用户中，使用低端手机的用户占比也是更大的。"果冻"的内容池里，反映昂贵、时髦生活的内容的确较多，这确实可能让许多人感到可望而不可即，从而产生消极情绪。

　　主页推荐流的内容构成确实会影响用户的心理状况，这个因果关系终于得到了证实。

　　会上，大家听了"抗焦虑项目组"的实验结果总结，陷入了沉默。虽然"提升用户自信率"这一策略带来了核心指标的明显下降，按过往标准该策略是无法上线的，但是大家还是决定上线该策略。

　　当前的实验方法还太粗糙。"果冻"的产品团队决定用3个月的时间制定更精准的策略，在治理负向心理效应问题的同时，尽量把损失减到最小。

算法工程师对每一个相关品类都单独做了实验并分别调整了品类被展现的概率，观察损益，将其逐个上线。因为这些实验是逐个上线的，所以为了知道整个项目的综合效果，小格建议将用户的心理量表作为日常监控的一部分放入核心指标看板。

系统每天会抽取一部分用户下发问卷，把答案统计好后自动更新至监控看板。因为DAU中低活跃度用户的占比偏低、填答率偏低，小格特意进行了分层抽样，对于高活跃度用户实行低采样率，对于低活跃度用户实行高采样率。另外，对于每个问题，监控看板都支持拆分维度的问卷结果统计。

这个监控看板成了促进产品改进的一个新手段，还可以用来监测产品的道德风险。其中的"情绪分析"的示意图如图17-3所示。

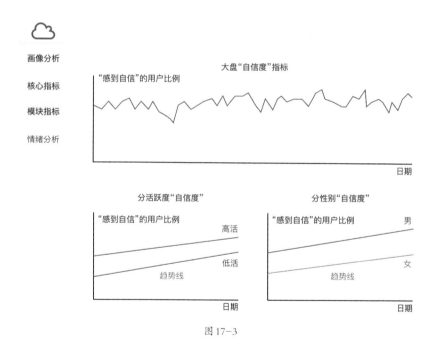

图 17-3

3个月后，监测用户自信度和生活满意度的指标都有了提升，其中女性用户和低活跃度用户的相关指标提升幅度更大。更令小格惊喜的是，虽然高活跃度用户的时长指标有一定程度的下降，但是低活跃度用户的时长指标在慢慢爬升，这是意想不到的收益。

经过这次的探索，小格和小旮不仅把握了用户的心理状况，还为"果冻"摸索出了一个研究用户心理状况的自动分析工具。随着需求的增加，这个工具现在已经有了更多功能，概念示意图如图17-4所示。

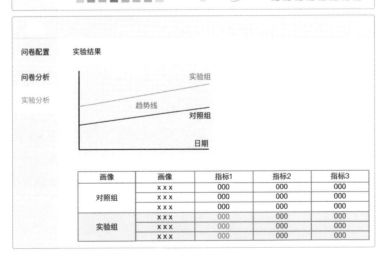

图 17-4

　　这样一套用户心理状况自动分析工具虽然在精确度方面远比不上基于产品行为数据的分析工具，但是能给"果冻"提供全新的洞察角度。如果将用户的心理量表与画像、站内行为相结合，又能得出更丰富的信息，这是很有意义的价值判断依据。

　　这套工具就像马普尔小姐之于职业探员，它虽然不循规蹈矩，但擅长捕捉场外信息，感知人性，为探察真相提供了新视角。